我賣拉麵，我的營收60億

土田良治　著
垣東充生　編

瑞昇文化

目次

第二章 打造一間沒人見過的店

目次

迷你專欄

土田先生的部落格

前言

「嗯……傷腦筋啊……」，今天還是一樣。

我從好幾個小時前就像這樣一直僵在稿紙前。構思不出該寫的文章。

自過去以來，一直都治不好輕易允諾事情之後才感到後悔的壞習慣。也因此，才落到超過一年都得像這樣對著稿紙乾瞪眼的下場。

雖說一開始就不要答應是最好的做法，但這也是因為我一旦處在酒席間就會變得大咧咧的壞習慣，似乎會一邊唱著卡拉ＯＫ或者在做些什麼事的時候，一邊應和著「知道了、知道了，沒問題！」的樣子。

（用「似乎是這樣」來說自己的事雖然有點奇怪，但因為沒有印象所以也莫可奈何）

當第二天早上得知了自己允諾的事情後（雖然內容幾乎都不記得了就是），就開始想著要不就這樣逃到哪去算了，這點也跟過去是一模一樣。

像我這種男人（大叔）的事，到底有哪裡的誰會想聽呢……，變成開始對文章停滯不前一事亂發脾氣的狀態。

好吧……總算是有所覺悟了。

「就放棄吧」

都是妄想寫出名不符實優秀文章的自己的錯。雖然也已經盡我所能地苦思過，試圖不辜負拿起這本書的奇特讀者們的期待，但結果由於沒有什麼了不起的經驗，所以做不到的事情就是做不到。因此還是別逞強了，就決定把我所看見、所聽聞、所體驗過的事情，原原本本地說出來。

說起來寫這本書的開端，是去年秋天偶然遇見舊識時的事。我平常是幾乎不會在白天時出外閒晃的。應該說是特別留意著不要這麼做的。因為不曾有在明亮的場所與人相遇後，發生好事的前例之故。嗳，這大概也是我平時素行不良的緣故吧（笑）。

然而那天恰巧沒能從前一晚的酒意中清醒，想去吃碗蕎麥麵來醒酒時卻發現錢包不見了。強迫無法思考的腦袋全力運轉之後，猜想著會不會是掉在昨晚最後去的江古田R媽媽桑那裡。雖然搭著計程車到了江古田，但卻連R媽媽桑的店在哪都不是很清楚。在無可奈何之下，就這樣，一個大叔搖搖晃晃地走在江古田的街上。午前的陽光對醉醺醺的大叔來說，實在是太過耀眼了。

「土田先生！」

傳來了好像曾在哪裡聽過的男子的聲音，但會在大白天遇到的，應該不會是什麼正經的人物（真沒禮貌）。

啊！該不會是昨晚去R媽媽桑的店之前順道拜訪的G師傅吧？這麼說的話，可能是要我付清昨晚欠下的帳或是積欠的酒錢也說不定……忽視他吧！（不管怎麼說，因為沒有錢包所以也沒辦法付錢呀。）像是要阻擋企圖快步逃跑的我一般，有個高大的男人擋在我的面前，再次叫了我的名字。

「果然是土田先生！哎呀，有十年不見了吧？咦，還是更久啊？」

戴著黃色的眼鏡面露微笑。誰啊這大叔？（真沒禮貌）

「我是K啊，K！」

依然帶著同樣的笑容看向我。是哪裡的K啊？

雖然想在腦海裡整理一下情況，腦袋卻轉也轉不動。好不容易才說出口的話卻是：

「要、要不要一起……吃碗蕎麥麵……啊？」

K先生請了十幾年不見的醉鬼吃蕎麥麵，真是個好人。

他是我剛開始從事這個行業時的客人，雖然並不常來，但會定期露個臉，也就是所謂的老主顧。由於年紀也很接近，漸漸地就開始會談起一些彼此的事，也得知了當時的他任職於製作電視節目的公司。也因為這份交情，獲得了節目的介紹。是少數知道我以一己之力開始經營店面那段時期的其中一人。

我們天南地北地聊起天來。像是彼此沒見面時的事等等。探聽到K先生現在是自由業，從事影像和出版方面的寫手。（感覺好像是這樣）我似乎也說了些自己經商的近況，還得意忘形地大談生意經的樣子。（雖然不記得了）

「嗯嗯」，K先生面帶微笑並不時點頭，聆聽著醉漢所說的話。

我應該就是在這個時候，趁著酒興喋喋不休地講出了多餘的話。

過了差不多一週之後，接到了K打來的電話。

K似乎認為我在蕎麥麵店所說的那些醉話相當新鮮且有趣。

「至今我所採訪過的拉麵店中，沒有任何一名老闆擁有這麼獨特的思考方式，土田先生，不來試試寫本書嗎？」

雖然我連K為什麼這麼興奮都不明白，卻回了句「接下來的就讓我們邊喝點小酒邊談吧」……沒用的大叔又被酒精擺布了，而結果就是落得將近1年的時間，與稿紙乾瞪眼的下場。

開拉麵店而獲得成功的人非常地多。其中也有擁有讓我這種人望塵莫及的店鋪，並賺進幾十億，不，是賺進幾百億的人在。（真羨慕）我果然還是會覺得，由我來寫書實在是太不自量力了。不過，K對我說的話真的讓我很開心。我本人總是希望可以確定自己所站的位置在何處，一直有種焦急的感覺。不管是以何種形式，都很感謝能給予我去挑戰的機會。

打從我剛開始做生意時就決定好，

只去做自己做得到的事。

辦不到的事情就不去做，而與之相對的，做得到的事就全力去做。

雖然不知道像我這樣的人能寫出怎樣的書，但不管是什麼都好，希望能對拿起這本書的人有些什麼幫助。不管是賺錢還是人生的提點都好……。來寫本能讓讀者覺得「有幫助」的書吧！

我的想法就只是這樣。希望能順利地將我的意圖寫進書裡。

續前言

那天在蕎麥麵店聽了土田先生所說的話，說真的讓我相當吃驚。

雖然真的很不好意思，但由於我所認識的土田先生，是個曾經獨自一人在僅有5坪、連內部裝潢也是親手打造的店裡，一天賣著２０～３０碗拉麵的人。

打聽一下，從那之後的１８年內總共開了３６間店。就算只算直營，現在也有１６間店面，包含顧問業在內，是間年營業額可以達到１０億左右的企業。但令我吃驚的並非它的成長狀況，而是從事傳媒產業的我完全不知道這點。

由於我的工作是去採訪餐飲店，對於拉麵業界也自認為與之相應地知之甚詳。要是說到年營業額１０億日圓，在拉麵業界內可是了不起的成功者，更不用說是我原本就知道的店，應該不可能會發生「我居然不曉得」的狀況才對。說真的，我對於自己沒有注意到這件事覺得非常的焦躁，也感到相當好奇。

這代表什麼呢？這表示土田先生的店，是媒體注意不到一般「偷偷」成長著的。當然，實際上並不是偷偷摸摸地經營，而是光明正大地做著生意的。

我想表達的是，我沒有注意到也就表示「不太受到媒體矚目」。更進一步來說，可以解釋成「不借助大眾媒體的力量而壯大」。這是相當特例的事。

在拉麵業界裡有非常多的成功者。其中也有經營規模比土田先生來得更大的人。可是這種店，基本上都是藉助了媒體的力量而成為「名店」的。

反過來說，我想幾乎沒有像土田先生這樣，不靠媒體的力量而順利擴展店鋪的例子。（當然，有資本的大公司又是另一回事）

這20年來，拉麵業界與傳播媒體是緊密相連的。

「藉由接受電視或雜誌的採訪來提升店鋪的人氣，之後就能開闢出多店鋪經營等事業擴展的道路。因此，先成為一間會被媒體介紹的店吧！」

大多數的老闆都抱有如此的想法。反過來甚至可以說是，認定了除此之外沒有其他成功的路也不為過。

話雖如此，土田先生卻打破了這樣的常識。我就是想著務必要把這一點告訴許許多多的人，為此才請他寫書的。

前面雖然也提到過，他在18年前，從一間用車庫改造、僅僅5坪6個位子的店開始，不依靠媒體，也沒有接受其他企業的援助，只憑自己的資本便不斷成長。再來，他的思考方式和生意經也讓人大開眼界。近來有許多商務書刊，在這個風潮中，我認為這些絕對有流傳於世的價值。除土田先生之外無法一語點破的經營哲學，請務必聽聽看吧！

垣東充生

第一章

想成功的話就捨棄常識吧！

我覺得土田先生所說的話非常獨特。話雖如此，卻也不是「沒人構思得到的想法」。都是些大概無論是誰都會說「這麼一說似乎是如此……」這一類的內容。

不過實際上，又全都是些「幾乎所有人都想不到」的事。或許會被我奇妙的表達方式搞混了也說不定，但還是請先聽聽看吧！（垣東）

懷疑95%的常識

做生意需要常識嗎

雖然很唐突，但在這個國家中究竟有多少人靠投資股票賺錢呢？我試著詢問經常出入N證券公司的O先生。而就如我的預期，大多都賺不到錢。投資者有95%是虧損的。

希望各位思考看看，現今有報紙、電視再加上雜誌，還有透過網路從智慧型手機及電腦流入大量的新聞。其中不僅包含了大量世界形勢和經濟趨勢的資訊來源，甚至還會有優秀的分析師告知我們資訊的分析以及對未來的預測。然而，為什麼大家還是沒辦法靠股票賺錢呢？

而另外5％的人又為什麼賺得到錢（勝出）呢？

如果是整體的5％，那就是少數派。換個說法，如果把多數派的意見看作「常識」的話，那少數派就會變成「不符常識」的人們。

以股票來說的話，就是在大家認為「快買！」的時候賣出，在人們想著「快賣！」的時候買進。雖然實際上應該不會這麼簡單，但以理論來說大概就是這樣吧！5％的勝利組，亦即不符常識的人們。

我想要表達什麼呢？我想表達的就是想要開始做生意，並不需要常識這點。

當我看著立志創業的人總會覺得，越是認真的努力派，就我看來是越不適合做生意的。在我認識的人裡面有這樣的人。參加自我啟發的研討會，博覽超凡經營者的人物傳記，擁有許多成功者傳授的知識，可以有如某處的分析師一般談論關於商務的事。

可是不管經過3年還是5年，他們都只是在學習而已。

我並不是說學習是件壞事，但就像相信常識也會敗給不符常識的事一樣，一般常說做生意不實際去嘗試過是不會知道答案的。

舉例來說，訂出一個公休日和營業時間，我也認為是過於被常識所侷限了。像是午餐時間是11點～14點，或是公休日是星期二等等，大家從一開始就彷彿理所當然似地在制定一些事。

但是這些事情，在從事得由自己負全責的買賣上，我認為沒有制定的必要。說得極端一點的話，只要在喜歡的時間開店、在喜歡的日子休息就好。也就是不定期營業，不定期公休。

什麼？你說這樣對客人很失禮？是這樣嗎？但這世上也有讓客人感到困擾，反倒產生好評的情況呀。

實際上，在我拉麵店開張的當時就只有一種菜色，甚至連大碗的選項都沒有。因此客人若是坐下來，我就默默地端上拉麵。就只有這樣。

這是我故意這麼做的。拉麵專賣店並不算少見。因此我才想著什麼都好，要來加強一點個性、加強一點衝擊之故。不過真正的理由是因為我太笨拙而不擅長做菜，所以只能做出一種料理就是（啊哈哈）。

若要再多說一點的話，我覺得比起去做每個人都在做的事，做沒有人做的事情才能提高成功率。

前面寫到太過致力於學習的人不適合做生意。這是因為我認為越是去學習，就越會被「常識」所束縛。更進一步來說，將所學奉行不渝，因而失去了彈性是件非常恐怖的事。

我之所以執著於「不符常識」，是因為我認為「這世間並不如我想像的那麼普通」的緣故。（雖然我也不懂普通的定義）畢竟如果普通的話，那應該就不會發生隨機攻擊路人，或是獵奇殺人案這類讓人摸不清頭緒的犯罪了吧……。我想說的就是這點。

在我剛開始做生意時，應該幾乎沒什麼人知道沾麵或是油蕎麥麵才對。又有誰預測得到這些麵會大受歡迎呢？說到底我覺得這些菜色，是不會從常識性的想法中產生的。要說為什麼的話，因為對認真學習中華料理的人來說，這應該是製作不出來的料理才對。然而就是從這種地方誕生了熱銷商品。

或許不是很好懂，但因為世上（95％）都是這樣所以這就是正確答案，而我也非得這麼做不可什麼的，是完全沒這一回事的。

無法預測的數字

作為經營者過了將近20年的現在，依然有搞不懂的數字。那就是「營業額」。人事費用或是地租、房租，以及上至原料費下至照明燃料費等的經費，儘管會因地區和環境有所不同，但某種程度上是可以預測的。也就是說可以相信源自於經驗的數字。但就只有營業額，直到揭曉之前都是無從得知的。銀行或顧問會煞有介事地預測營業額，但那也只是毫無根據的預測罷了。

而大型都市開發業者等，之所以會面不改色地帶著預估有好幾百億營業額的宣傳冊前來，是因為沒有這些數字就無法開始洽談的緣故。特別是招攬店鋪等等……。那只是帶有希望與期待的數字。

「不掀開蓋子就無從知曉。世上的一切都是如此。」

該說是幸運嗎？雖然不知道是否如此，但我現在經營著與飲食有關的數個業態。就連拉麵也有好幾種品牌，也有日本蕎麥麵和丼飯的專賣店。

儘管如此，當要在某處展店時，我還是不喜歡先定好要賣的商品。這是由於不先試著賣賣看，就不會知道能不能賣得好的緣故。

「就賣這個吧！」，無論是哪位相關人士，帶著多少的熱情像這樣推銷那個商品也好，也只不過是那個人的主觀看法。如果賣得好那也就罷了，但是經營者不能只是這樣就好。

要先預想好賣不出去的情況，並做好準備。

舉例來說，如果營業額很差的話，就馬上換下一個產品來決勝負。即使如此也還是賣不好的話就再換下一個。

也有相反的判斷。就是一直忍耐到能賣出去為止。當然這並不表示就袖手旁觀什麼也不做的意思。雖然不換產品，但要不斷地對應該修正的地方去著手。

重要的是，不要讓開店變成白費。開店要花費初期的投資。如果無法回收的話，那生意就是失敗了。

失敗了那可不行。所以要去思考。雖然中途放棄就是失敗，但只要能堅持到賣出去的話，那就不算是失敗。

前面也提到，因為不知道什麼能賣得出去，所以在開始之前就先決定商品（菜單），跟自己增加做生意的難度是一樣的。

只不過，也許聽起來很矛盾，但我覺得重要的是先去嘗試看看。就算不清楚、就算難以判斷，但如果不去行動就什麼都不會產生。以紙上談兵來評論優劣是沒有意義的。要做生意的話，首先得要實際去嘗試過。因為這是做生意的第一步。

然後，有件絕對不能忘記的事。

對經營者來說，最重要的事是「創造出稅前淨利」。

常識裡沒有可能性？（垣東）

「要做生意的話，不符常識比常識更重要」，我覺得土田先生的這句話相當有趣。對這點來做一些我個人的補充。

所謂的常識，就是大家認為理所當然的事、順利成章地去做的事。例如有客人來就說「歡迎光臨」，離開時說「謝謝惠顧」。就算完全沒有服務業的經驗，只要是日本人，不管是誰都知道，也都會這麼做。

當然，只要遵循常識就不會有壞處。但如果是理所當然的事的話，不管多努力去做都不會得到客人的評價唷，反之若是去做不符常識的事，就能創造出邁向成功的機會喔！土田先生是這個意思。

聽了這些話讓我想起了某個人的事。就是已經過世的佐野實先生。

佐野先生是在電視節目中，作為「拉麵之鬼」而家喻戶曉的人物，實際上，也許真的再沒有像佐野先生一樣熱愛拉麵、埋頭研究拉麵的人了。真可謂是拉麵的求道者。但他的聞名之處，並不是作為拉麵師傅的手藝和探究心。直截了當地說的話，是因為他經營「不符常識的店」的緣故。

那就是「禁止竊竊私語」、「禁止香水」的拉麵店。

正確來說，禁止香水是由於貼有文宣而不會有錯，但是並未明言禁止竊竊私語。可是現實上，就算說成是「嚴禁竊竊私語的店」也不為過。

即使如此，禁止竊竊私語的餐飲店還是相當反常的。我也曾實際走訪過，而那份緊張感還真不是蓋的。明明是拉麵店卻安靜得有如圖書館一樣。是種甚至讓客人們連咳嗽和打噴嚏都會有所顧忌的氣氛。順帶一提，就連服務的態度都很差勁，是間連正經地說聲「歡迎光臨」、「謝謝惠顧」都不肯的店。真的是十分典型的「不符常識的店」。

這樣聽來或許會認為「才沒人想去那種讓人不愉快的店」。但，那可是大錯特錯。這可是間從開店前一直到關店後，始終大排長龍的超人氣店面。當然是因為佐野先生所做的拉麵非常有魅力，或許是這個原因吧，但更大的魅力則是那「獨特的緊張感」。

客人們其實都很享受那種緊張感。畢竟嚴禁悄悄話的店可是前所未聞。客人們噤若寒蟬地觀察佐野先生工作的模樣，然後期待著意外發生。要是自己以外的某個人開口說話，那頑固的老頭會不會大發雷霆呢，就像這樣的感覺。

為了維護佐野先生的名譽而做點補充的話，這並非他的本意。雖然說法很奇怪，但佐野先生是個「人來瘋」的人，因而在回應周遭「頑固老頭」這一期待的期間，讓狀況越演越烈而已。證據就是「禁止竊竊私語」只有在最一開始的店裡（神奈川縣藤澤市），之後的都只是普通的店。

我覺得這正是不符常識的店獲得成功的實際例子。當然，也可能會有不符常識而帶來了負面效果，進而導致大失敗的情況就是。

讀書第二名就沒用了嗎？

首先希望你們能聽聽我的經驗。

5歲的女兒問我「為什麼要讀書呢？」。

「……」我無法好好地回答。

我既不擅長讀書，也相當討厭。但是活到現在48歲，（大概）從來沒有因為這點而深刻感到困擾過。所以我沒辦法對女兒說明讀書的必要性。

當然，既然活在文明社會裡，溝通能力或是簡單的計算能力等等，多少還是需要一些知識，我也不打算全盤否定讀書，然而除此之外的學習，好比像是方程式或元素符號之類的，對我來說並不認為那是必要的。因為在我活的４８年內，（至少在做生意方面）從來沒有派上用場過。

當然，在這世上有很多種生活方式，我也知道有些人活用著學習到的知識。只不過，就如同有國小、國中、高中、大學的學級差異，對我而言，我不知道讓每個人都學習相同的東西到底有沒有意義。噯，雖然說得一副很了不起，但我並沒有認真面對學習到可以否定讀書的程度。我只有偷懶而已。這麼一想，我的人生從少年時期一直到成為大人的現在，總是想著挑選哪條路比較輕鬆，結果說不定是一直在繞遠路。（這是懶人的宿命嗎……啊哈哈）

標題上寫了讀書第二名沒用。（說不定會惹教育委員會的大叔們生氣啊）

要說這是什麼意思，是因為我覺得不管多努力念書，能夠取得那份成果的，也只有第一名的人而已。

舉個例子，就以會讀書的人從東京大學畢業之後，成為國家公務員（說到底我連國家公務員是什麼也不太清楚）來說吧。這雖然不是終點，但卻獲得了類似人生的保證一類的東西。從此以後只要沒有嚴重的疏失，就能保證獲得超出社會平均的收入。就算完全沒有飛黃騰達，也能過著超出平均水準以上的生活才對。這就是讀書第一名的成果。

那麼大家都能成為國家公務員的一份子嗎？那是不可能的。一定是只有班上的第一名……不，是校內第一名吧……，若不是在這之上的話，想抵達這種境界是很困難的吧！我所說的第一名，是指１０００人裡面約只有一名的「勝利者中的勝利者」。這種人不該費盡千辛萬苦地開始去做生意。只要憑藉學習的成果，舒適地去過日子就好。

另一方面，假設第二名進入了一流私立大學或是地方上的國立大學，在還不錯的企業就職來說。對第二名的他而言，就職並不是終點。在這之後若不更加努力或是發揮才能的話就會被淘汰。也就是說，讀書無法擔保人生。以這個意義來說，不管是第二名也好最後一名也好，立場都沒變。

也就是說，只要你不是第一，讀書就無法成為謀生的手段。

對我來說，「為了將來好好用功讀書吧」這種大人的想法聽來就像白痴一樣。不管多努力去學習，只要成不了第一名，大家就同樣站在「一生都得不斷學習」的立場上。

所以，對於埋首讀書連青春都犧牲掉一事，我完全感覺不到意義何在。還有比這更重要的事。

在學生時代時與朋友把酒言歡，三不五時打打麻將，被女朋友甩了而傷心落淚等等，這些事是有意義的。這些經驗在進入大人的社會時更能派上用場。我是認真這麼認為的。

根據國稅局發表，在所有的上班族中，年收入一千萬以上的人所占的比率為3．8%。100人裡面有3．8人呀。就當作4%好了，但總感覺與股票勝利組的數字相當相近啊……

毫無疑問這3．8人是一路努力讀書過來的第一等人吧！但在現在的時代裡，就算一千萬日圓也無法斷言是很穩定的吧？

不過由於是一千萬以上，搞不好其中的2個人收入約有三千萬日圓也說不定。

果然還是用功讀書比較好嗎……啊哈哈！

■用功讀書有意義嗎（垣東）

這是針對最近經常成為話題，「是否有必要重新審視日本的教育制度」此一議題，土田先生所分享的經驗談。

說來日本的教育系統，特別是大學教育，該說是明顯地制度跟不上時代了嗎，至少我認為是不符現實。雖然說來難聽，不過讓那些校內成績在平均以下的人們接受學術性的教育，該說是實在很荒謬嗎，至少我覺得是沒什麼意義。

現在大部份的大學，真的不過就只是「收費的遊樂時間」。以這個意義來說，大多數的學生都實踐著土田先生所主張的「在學生時代時與朋友把酒言歡，三不五時打打麻將，被女朋友甩了而傷心落淚等等，這些事是有意義的。這些經驗在進入大人的社會時更能派上用場。」這段話。

但隨著高齡化越演越烈，對現代日本來說，或許已經沒有讓年輕人繼續玩樂的餘裕了。在多愁善感且擁有旺盛吸收力的時期，將時間與金錢花費在毫無價值的、如家家酒般的研究上，現今這樣的大學系統，硬要說的話，只能看成是大學學店在「賺錢」而已。

另一方面雖然稍微冷門，但在德國和法國，12歲時就會選擇要進入大學還是要進入職業訓練學校。而從職業訓練學校畢業後，15歲就開始工作。順帶一題，德國的大學升學率約25%。日本則是50%有餘，若再算進專科學校，有90%以上一直到20歲前都還是學生。日本也應該在高中和大學時多教一點於現實社會有用的技術，這類的議論也逐漸興起。

只不過，相對於日本在摸索「德國式」的做法時，在德國卻興起「12歲時就決定人生的源式系統【*譯註1】不是很怪嗎」的議題，要說方向靠近哪邊的話，似乎是近似於日本的教育系統。教育系統這種東西，實在是相當棘手呢。

譯註1：在《源氏物語》中，主角光源氏於12歲元服（日本的成人禮）。

這些都先暫且不談，土田先生是用與做生意相同的觀點來看待讀書的。也就是說，讀書這種活動有沒有取得與投資相當的效果呢，這樣的一種觀點。而土田先生的判斷是NO呢。確實，只要不是從超一流大學畢業，學歷便不會對人生產生助益。如此一來，投身於學習中的效率就很差，我認為這是相當有說服力的意見。

拉麵店不會倒？

「沒這回事。我家附近的拉麵店就倒了唷」，在讀者裡面也有這麼想的人吧！就是這樣，就算是拉麵店也還是會倒的。所以更正一下說法吧，拉麵店不會倒，不過打造一間店需要花錢。

我開始從事這份行業的契機就是投資很少這點，大概這也是最大的原因。

當然我自認也感受到了對味道的講究或是服務業的深奧之處，但去掉那些漂亮話，果然初期投資花費較低這點才是最大的魅力。

假如有錢的話，我想要經營航空公司或是度假勝地飯店之類就是……啊哈哈。

我的第一家店原本是間車庫。理所當然地沒有電話，連冰箱也是用從公寓帶過來的單人用。瓦斯爐之類的自然是沒有，是在五德瓦斯爐（聽過嗎？就是過去用火柴來點火的那個）的下面放置好幾個也是撿來的混凝土塊來代用。只有兩處有自來水，水槽也是寬45cm左右的家庭用（只要放上砧板瞬間就變成調理台）。只有圓筒鍋是豁出去買了個二手的，那種生意興隆的店會用的直徑60cm（150碗左右）的東西。只有這個是無論如何都必須要有的，不管怎麼說，雖然是在僅有6個位子的店面裡，我仍做著有朝一日會有150位客人的夢……。順帶一提，開張的那天只有3位客人就是（笑）。

總之，徹底的縮減了初期投資。

不浪費在初期投資上，這是我不變的方針。

十幾年前的某一天，曾經發生過我對著敝公司的開發人員與業者大聲咆哮的事。原因是施工費用的估價單。決定要在購物中心裡開店，並由開發人員與業者對廚房和店鋪的內部裝潢進行協商，最後到我這裡提出了施工金額的估價單。

我被那個數字嚇了一跳。面額記得似乎是（施工費、空調設備等另計）兩千萬左右。確實兩千萬是一大筆錢，是會讓人失去冷靜的數字，但讓我愣住的點並不是面額而是項目。

餐具洗淨機一台〇〇〇萬日圓，自動煮麵機〇〇〇萬日圓，3冷藏1冷凍型冰箱4台〇〇〇萬日圓，到底為什麼需要這麼高價的機械啊？我馬上叫來負責人。我對於連1毛錢都還沒賺到的店要花費這麼多投資感到無法理解，就在業者的面前對著敝公司的負責人破口大罵。

然而就結果來說，自動餐具洗淨機、煮麵機和大型冰箱全都按員工的想法購入了（這會在別章來做說明）。

類似的事情有過好幾次。每次都讓我非常苦惱。

這又是更之前的故事。員工提出了「在店門口豎起旗幟來宣傳新菜色吧」的促銷（促進銷售）提案。我認可了他的積極想法，於是想著，好，那就做吧，便準備了兩根旗幟。或許現在已經很普遍，但那時會製作有全新原創菜色旗幟的店家也還很少，我認為宣傳效果會很出色，也感到相當開心。

但問題來了。這裡與我所生長的鄉下不同，旗幟無法插在地上。想要立起旗桿就需要有底座（配重）。得把旗幟插在底座上。

我對員工和前來打工的人（說雖如此，但總共也就3個人。現在分別是敝公司的幹部以及附屬公司的老闆）說：「只要拿袋子來裝點砂土之類的就行了」，兩人對此用力地點點頭。

隔天，店的兩側立起了旗幟，看著這副景象我感到非常開心，仔細一看，用來插旗幟的袋子又新又漂亮。是業者想得周到吧！打開繩子一看，就連放入的沙子也是乾燥且清爽的乾淨沙子。

說的也是啊……因為是餐飲店，所以是把沙子好好地乾燥過後才放進去的吧……，我誇獎那2人：「真虧你們能弄到這麼乾淨的沙。」

2人笑嘻嘻地回答「是！我們從那邊的店裡買來的。」

這天成為了他們留下人生中最恐怖回憶的一天。

我並不是在說要吝嗇一點。第一，現在餐飲店的經營，並非只靠這樣就能順順利利那麼簡單。不過在開始經營拉麵店時，就只有把錢花在打造店面這點我無法贊同。雖然有各式各樣的餐飲店，但拉麵店是開店門檻最低的，也就是說，可以很簡單地就開一間店。日本國內開店最多的餐飲店就是拉麵店。而倒店最多的，也是拉麵店。或許你會認為，開店最多所以倒店也最多是理所當然的事，但我無法認同。這是由於普通的拉麵店生意投資與收入的平衡，明顯崩潰了之故。

說法雖然不好，但剛起步開拉麵店的話，花錢並非聰明的舉動。拉麵店需要的只是能讓人知道這是拉麵店的招牌（標誌），不管是用暖簾還是紅燈籠都可以。內部裝潢也僅需要作為吃飯的場所，有最低限度的環境就好。換句話說，既然同樣是6個座位的話，不管是店鋪還是路邊攤【*譯註2】都是一樣的。

譯註2：原文為屋台（やたい），類似台灣的路邊攤，形式上為附有簡單座位的餐車。

如果是其他餐飲業的話，果然還是會被要求要有「符合風格」的店鋪格局吧，也因此應該會需要相應的初期投資，但拉麵店的話，就算是看起來又破又窮的店（說法很難聽呀），客人也不會在意。

就拉麵店不會倒店的法則來說，「不花錢起步」這是絕對必要的。

■拉麵店也許真的不會倒（垣東）

來思考看看拉麵店是不是真如土田先生所說的不會倒閉吧！

想像假設有一間拉麵店。是間只有吧檯6個位子的小店面。以東京的價位來算一碗拉麵700日圓，或許還有配料之類的，所以把客單價預設為800日圓。然後再把那間店當成是間幾乎沒有客人的冷清店面。

為了讓店面存續下去，需要多少營業額呢？1天來50位客人的話，1天的營業額就是4萬日圓，一個月營業25天的話，就有100萬日圓的營業額。這裡以不雇用其他員工，全部由老闆一個人打理來看的話，一個月能獲得30萬日圓左右的收入。年收入就有360萬日圓。雖然一個人相當辛苦，但若是拉麵店的話，1天找來50位客人並不困難。大概只要普通地去經營就可以達成。

再試著將1天50位客人想像成擠成一團的狀況。店鋪的座位只有6個的話，翻桌率就是8次再多一點。營業時間8個小時的話，就是約1小時1次。

由於有點難理解，就換個表現方式吧！客人1天有50位。其中，以光是11點半到13點半2個小時的午餐時間就有30位客人來算。

如此一來，去除午餐時間之外的營業時間就是6小時20個人，1小時只有3個人多一點而已。客人的平均逗留時間不到20分鐘。也就是說，這間店（除了午餐時間之外）通常都只有一位客人在店裡。

即使如此，月交易額也有100萬日圓，月收入是30萬日圓。您瞧，雖然從外頭看起來似乎「幾乎沒什麼客人」，但作為一門生意依然可以成立。

順帶一提，若是1天來100位客人的話，以剛才的計算方式來算，一個月的營業額就有200萬日圓。人事費以總共80萬日圓來算，即使支付給打工的花費合計有30萬，老闆的月收入也有50萬日圓，年收入則有600萬日圓。若是這種程度的數字的話，並稱不上是高門檻。上班族的平均年收入似乎在500多萬日圓，所以我覺得這是相當了不起的數字。

像這樣以數字來看的話，我想就能理解我和土田先生「拉麵店不會倒」的想法了。

只不過，這並沒有算上初期投資。假如初期投資為1200萬日圓的話會怎麼樣呢？1200萬日圓絕非不合理的數字。甚至可以說是有所節制的金額了。若以3年來還清，大致就拆分成每個月還款40萬日圓吧！這麼一來，一個月100萬日圓的銷售額是絕對不夠的。因為在利益中並沒有計算公司的利益，所以償還的費用除了從老闆的收入來扣之外，沒有其他可以扣除的部分了。換言之，就算月交易總額有200萬日圓，老闆的實際收入也只有10萬日圓。

拉麵店經常會有連鎖加盟經營，翻一翻他們的手冊，月交易總額是定在400萬日圓。也就是預設1天會有200位客人。這是門檻相當高的數字。雖然我並不知道日本拉麵店的平均營業額，但無論怎麼想，都不可能有400萬日圓。大概5間中只有1間，不，數字會比這更少吧！即使如此，連鎖加盟商仍舊設下如此強硬數字的原因之一，就是因為一連串的後續資金之高，高到沒有這樣的營業額就無法維持下去之故。初期投資、加盟費、五花八門的佣金等等，要花費許許多多的經費。

就如同土田先生所說的，拉麵店就算不花錢在外觀、內部裝潢上，客人也不會在意。這是只有拉麵店被允許的「特權」。若不利用這點（進行初期投資）的話，乾脆去從事其他買賣還更有投資的價值，我覺得這麼說也有一番道理。

拉麵店的經營要用負面思考

預設沒有客人

現在在讀這本書的讀者裡，如果有人想著「現在就開始經營拉麵店吧」的話，有件事希望你一定要嘗試看看。

希望你去反推「假如一個客人都沒來時，店面可以支撐多長的時間」。

雖然說了好幾次，但不管是多麼出色的經營者，都沒辦法看見營業額。因此，需要有先預設好最糟情況的覺悟。就算不想得這麼極端，但開始經營店面的話，「應該會有這麼多客人來吧」之類的想法，不過就是自以為是的期待。應該要先計算好「1天最少要有多少客人才能夠維持下去」。

就算沒有客人來，店面也要花費維持費用。預設是最糟的狀況的話，盡可能地削減經費是很重要的。而在開張時可以刪減的經費，指的就是「初期投資」了。假設以初期投資花費了1200萬日圓來算。一碗600日圓的拉麵就是2萬碗的量，不對，就算不計人事費用，從600日圓的拉麵中可以取得的利益大概也就300日圓左右，因此是不賣出4萬碗就無法償還的金額。折半600萬日圓也要賣2萬碗，300萬日圓也得賣1萬碗。假如還雇用打工人員的話，1碗的利益說不定就只剩200日圓了。當然，如果客人不來的話就連這點利益都不會有，應該要把這點牢牢記在腦海裡。像這樣一想，就能夠理解為什麼樂觀論會被拋到九霄雲外了吧。

我在開始經營拉麵店之前，先去考取了大型車輛的駕照。這是趁著還有積蓄時，先準備好店面倒閉後的生活。

接著，先設想好一個客人都沒來的狀況並算出收支，思考剩下的存款能維持店面多久。並且最重要的，是下定決心可以在雖然沒錢了但也沒有欠款的時機收店，然後才開始營業。

若是收店的情況，必須要馬上準備好可以繼續過活的手段。依我的情況來說是比較有個性（有點問題（笑）），因此把在公司上班視為不可能，而選擇了可以一個人做的事。我唯一的上班族經驗是任職於設計事務所，但就算拉麵店失敗後開始經營設計事務所也好，從第二天起連1元現金也都賺不到吧！於是才想到去當大型卡車的司機。

雖然我並不打算說些自以為是的話，但我是以這樣的覺悟開始經營拉麵店的。因為我覺得，那就是如此不可靠的生意之故。當然，即便現在也是……

所以你們也能理解，為什麼我會想讓店鋪的施工費用盡可能便宜了吧！當然，這並不是在說拿裝橘子的紙箱來當客人坐的椅子之類的極端言論。而是說不要去進行不可靠的投資。至少，也要等到多少有點餘力之後……。

■拉麵店的成功為何

敝公司也不時會有曾在人氣店家學習過的年輕人進入公司，看著他們工作的表現，經常會讓人佩服不愧是歷練過的。不過也有讓人困擾的事。那就是對自己的工作表現或是對味道太有自信，自然作為一名師傅，擁有自信是件很好的事，但說得難聽一點的話，就是無論在味道上還是工作上都不懂得臨機應變。

舉例來說，要是問問他們的目標，所有人都會異口同聲的說出「打造出一間要排隊的店」。

請等一下，排隊與拉麵店的成功並不是相等的。

雖然這終歸只是我的主觀看法，但想打造一間要排隊的店並非多麼困難的事。事實上就連我這種人的店，在第一家店開張的第一年也曾出現過將近１００人的隊伍。用更惡劣的想法的話，甚至可以用狡猾的手段創造出隊伍來。只要減少座位、上菜上慢一點，就可以創造出因為阻塞而產生的隊列。（雖然這是自取滅亡的行為）

我認為「排隊賺不了錢」。

■要排隊的店並不是終點

排隊有優點和缺點。先講優點，在現在的拉麵世界中，出現隊伍是人氣店的指標，因此毫無疑問會有巨大的宣傳效果。媒體應該很快就會在電視或雜誌上做介紹，客人也會從遠方蜂擁而至吧！

那麼缺點呢？首先會有營業額降低的可能。

拉麵需要備料，特別是個人的店面，如果營業時一直大排長龍的話，那就沒有備料的時間了。該怎麼辦呢？只好從半夜一直備料到早上。但這種做法在體力上並不是長久之計。

該怎麼辦呢？那就營業到湯頭用完為止，賣完就關店，然後開始進行隔天的備料，也就是所謂湯頭限量的店。但這麼一來，營業時間就會縮短。因為全都賣完了所以乍看之下好像沒有問題，但能賣的份數是固定的，營業時間也受到限制，也可以說成是沒有發展潛力的意思。

另外，所謂的要排隊的店，效率差得出人意料。舉例來說，如果在開店的同時就客滿了的話，就得一口氣製作所有人的份，而從端出拉麵給客人起，廚房的師傅們就沒事做了。當然也許有人會說，可以利用這些時間做點其他的工作，但我希望你們可以仔細去看看要排隊的店裡的櫃台。讓人意外地，老闆手閒下來的時間相當多。

更進一步來說，在要排隊的店前排隊的客人，大概都不是附近的人。大多都是聽到好評遠道而來的客人。或許這也很值得感激，但成為要排隊的店之前承蒙捧場的附近客人也會變得逐漸疏遠。如果要排隊的話，午餐時常來光顧的上班族就會超過午餐時間，而且也會有不喜歡等待的人吧！若是隊伍能一直持續下去那也還好，但失去附近的老主顧又該如何是好呢？

順帶一提，我的第一間店也成了要排隊的店。之後換了個場所，開始了第二間店。也因此無法單純的做出比較，但第二間店幾乎不曾出現過隊伍，儘管如此，卻達成了將近第一間店2倍的營業額。明明座位的數量幾乎是一樣的。

雖然我試著舉出了排隊的缺點，但也可能會被認為是在找碴。確實，也許故意以負面的想法來看待排隊是有點勉強。不過我想說的是，「排隊並不是那種可以讓人無所顧忌地感到開心的好事」。

假設現在我的店前有100個人在排隊好了。100人的隊伍相當可觀。可是試著只用營業額來思考吧，如果一碗600日圓，用沒禮貌的說法來說，這麼大陣仗的隊伍也就只值6萬日圓的營業額。

更進一步來說，排隊大多只是一時的現象。既然經營拉麵店並非興趣而是做生意的話，就要追求提升利益，並且去追求更大的利益。假如成了要排隊的店，接著要考慮的就是開第2間、第3間店，也就是邁向多店鋪經營。然後當店鋪增加之後，大多的情況下，隊伍都會消失。

以開拉麵店為己志的人們，總以為一旦成為要排隊的店就可以一直持續下去，但這是天大的誤解。增加店鋪後隊伍也不會消失的，就只有已經成為「品牌」的店而已。而要成為品牌店，比起成為要排隊的店更是困難無比。

也就是說，隊伍不過是邁向成功的起點。所以，不要執著在成功等於排隊上，只有這點希望你們能記住。因此，當要開店時，比起去思考「要怎樣才能成為要排隊的店」，應該更優先去思考「要怎麼做才能繼續下去」。

一開始就雇用員工什麼的，對我來說是相當荒謬的。首先就該思考並挑戰一個人（或者有搭檔的話那就是兩個人）可以做到何種地步。而之所以可以做到這點，也是因為拉麵店在餐飲店中，就某種意義來說是很特殊的業態之故。

對拉麵店而言的成功是（垣東）

聽了土田先生的話而吃了一驚，居然如此小心謹慎。至少在這世上，我從來沒有聽過有人去考取大型卡車駕照，作為「拉麵店的開張準備」。更不用說去思考「完全沒有客人時，可以生活幾天呢？也就是說，如果失敗幾天就該當機立斷停業呢」，首先根本不會有人這麼想吧！該說是謹慎地令人害怕嗎，就是負面思考呢。

不過，土田先生真正的意思在別的地方。那就是「樂觀論是絕對不行的」，這種作為前輩的金玉良言。

與土田先生交談時最頻繁聽到的是「營業額無法預測」這句話。所謂的營業額，指的就是有多少客人會來這點。只要是經營店面，經營者祈禱「希望會來很多客人」是理所當然的，但站在客人的立場來思考的話，就算出現了新的拉麵店，也完全不存在非去不可的理由等等。

對拉麵店而言，成功就是成為要排隊的店，這種思考方式在社會上相當為人所知，但我也認為這並不正確。

對拉麵店來說，成功是成為生意興隆的店，也就是可以創造出巨大營業額的店。大致來說，如果是拉麵店的話，1間店月交易額能賺到1000萬日圓，那就是很了不起的成功店了。可是，月交易額在1000萬日圓以上的「成功店」，並非全部都是要排隊的店。原本就幾乎不會有那種在營業時間時，持續有人排隊的店。反過來說，就算一整天隊伍都不曾中斷，也還是有很多無法達到月交易額1000萬日圓的店。歸根究底來說，要排隊的店和成功店，是怎麼也劃不上等號的。

再來更讓人在意的，是成為要排隊的店一事的詮釋。就算是平時冷清的店面，在午餐時間也會有出現隊列的情況。不管是只有兩個人在排也好，還是有100個人以上在排隊也好，都毫無疑問是要排隊的店，也有這樣的解釋方式。畢竟要排隊的店什麼的，定義相當曖昧。

而且，就算想盡辦法總算成為要排隊的店，最重要的是能否持續下去。大多的情況下，排隊的狀態都無法長久維持下去。能夠持續下去的，是真的只有極少部分的店而已。要排隊的店可以說是成功的入口。以棒球選手來比喻的話，就像是成為了職業選手一樣，所以絕對不是終點。

仔細一想，讓排隊這個詞變成超乎實際的目標，也是媒體的錯。對媒體來說，影片無法表現出味道，數字也沒有什麼衝擊力。但「在拉麵店前排列著一條人龍」，這對媒體而言是非常容易理解的「人氣店」的證據。

由於我也是傳媒產業的一份子，也在反省自己有一部份的責任，各位，千萬不可以被排隊這個詞彙的魔法所欺騙了。

迷你專欄

這種想法的出發點是少年棒球（土田）

雖然這話由自己來說很怪，但我是從何時開始養成了這種思考方式的呢？為了尋根究柢我開始回想，最後想起的是少年棒球的回憶。

童年的我是在北陸的鄉下被撫養長大，在開始懂事時，加入了附近的少年棒球隊，從早到晚都專心地練習棒球。

成為棒球選手後既想成為投手也想打打看全壘打，雖然還只是個孩子，卻一直這麼想著。因此，只有練習總是全力以赴。

但是，我的體格並未受到上天眷顧。從童年起我的體型就很嬌小，在班上也一直都是坐在最前面。更何況，也沒有人買給我符合自己尺寸的棒球用具。球棒是借朋友的來用，棒球手套則是用父親不知從哪裡拿到的，但是朋友的球棒很重，而手套又太大了。所以相較於練習量而言，我進步得相當緩慢。

在低年級時還不會特別介意，但到了5年級時，連自己也擔心起比同年級同學矮一顆頭的事，比我更高大的低年級生成為正選球員的情況也變多了。

話說回來，你們知道在棒球上大顯身手的條件是什麼嗎？

5年級的我已經有了答案。那就是「獲得出場比賽的機會」。但是對我來說，卻無法取得好好出場比賽之類的機會。

我所能得到的出場機會當然不會是先發成員，就連代打或加強守備時都未曾被派上場過。只有在比賽的尾聲（意思意思）讓我上場代跑，就是我唯一的出場機會。

我拼了命思考可以抓住這種不踏實的機會的方法。順帶一提，我也並不算是跑得特別快的人。

在某場比賽，我像平常一樣在比賽的尾聲上場代跑。是場分差很大，快輸了的比賽。我想對棒球知之甚詳的人應該已經了解了，是沒什麼意義的代跑。

當投手開始擺出架式時，壘上的我比起平時的離壘距離更多跨了兩、三步，採取了大幅的離壘。連跑壘教練慌慌張張地阻止我都無視了。

對方投手的臉色明顯變了。我看準這點，慢慢地再跨出一步。我的行動改變了比賽的氣氛。轉瞬間，投手做出牽制，而我則是撲回了一壘。站起來之後，我再次忽略了跑壘教練的聲音，並盡可能地大幅離壘。雖然投手做出好幾次牽制，但我都沒有出局。結果打亂了投手的控球，導致四壞球連發。比賽則是大逆轉獲勝了。

以此為契機，我在那種爭奪一分、打得難分難解的比賽尾聲，總是會成為關鍵代跑，被指定為二壘或是三壘的跑者。也就是成了代跑的專家。

5年級的我拼命地去思考，要如何活用代跑這唯一的機會。而答案就是極端、大幅的離壘。離壘距離越遠，投手也當然會分神注意。這使得在投球之外，又為投手增加了牽制一壘這種多餘的工作。要是增加投手的工作，他就無法集中精神在打者身上，因而會導致四壞球或是投出好打的球，我是這麼想的。

為此，我在練習中嘗試過好幾次，掌握了「不管以多快的動作做出牽制，我也能回到一壘的步數」。

這個作戰策略對還是小學生的對方投手來說，有著非常大的效果。不管是誰，控球都被打亂了。能夠忍受我在後面晃來晃去的投手，連一個也沒有。

話說回來，在這個故事中還有些沒提到的事。為什麼我不會被牽制出局呢，這是怎麼一回事？實際上我連一次都沒有被牽制刺殺過。但在另一方面，我也一次都不曾盜壘過。

實際上，我從最一開始就完全沒有盜壘的想法。所以，就算是一瞬間，只要投手有所動作我就頭也不回地撲回一壘。也因此有過好幾次，即使投手投給打者，我也全力撲壘回一壘的情況……（笑），現在回想起來，想必模樣一定是非常滑稽的吧。

或許是個聽來會覺得很可憐的故事，但我並不這麼想。說得誇張一點的話，這是5年級的我用自己的方法所找出的，自己的存在價值。

跟別人一樣就無法取勝。有句話叫十人十色【＊譯註3】，正是這麼一回事。

譯註3：這句話是指人的個性、喜好、想法各不相同，十個人就有十種不同的樣貌。

確實，與其他人相比的話，成功或許相當不容易。但這也就表示，如果現在的自己所能做到的眼前目標是成功的一步的話，那麼不管是誰都是有機會的。

第二章

打造一間沒人見過的店

這次要實際向土田先生打聽有關開店的事情。究竟土田先生是如何實踐「不花錢打造一間店」，以及傳說中的「會員制拉麵店」又是什麼？都是些前所未聞的內容，敬請期待。（垣東）

不花錢打造一間店的方法

到我開始從事現在的行業之前，正經地修行是自不用說，連在拉麵店打工過的經驗都沒有，但就結果來看，我覺得真是「太好了」。

雖然事到如今才在說這種話，但即便是餐飲店，與其它的生意也都相同，都是要採購些什麼，並將它加工之後賣出。絕非什麼特別的事。

假如是製作車輛或飛機來販賣的話，外行人可能會無法估計原價之類的吧，但現在只是賣拉麵這種不到1000日圓的料理。就算沒有經驗和知識，也能看出個大概。應該是不會有人認為「原價或許要2000日圓」的。

而就如先前所提到的，這世上的餐飲店多如牛毛，所以就算開了店，也應該要捨棄只有自己的店突然變得生意興榮這類自以為是的想法。

我曾經聽說，餐飲店10年來在同一個場所持續營業下去的可能性在10%以下。

不管幾次我都要說。所以說在設法賺錢之前，必須要確切思考如何節制要花出去的錢並去實行。當然，這並不表示只要這麼做就保證會成功。但即使失敗了，只要傷害不大，就還會有下一次的機會。

那麼，依我的情況來說，是歷經了怎樣的過程才開店的呢，這裡就來具體地介紹一下。

當我想好要經營拉麵店時，一開始想到的是路邊攤。若是路邊攤那就是移動式的，假如地點太差只要移動就好。而且最重要的是，可以省去瓦斯和自來水管施工的工夫。

然而在調查後發現，東京都內有著各式各樣的問題，明白了這個想法並不現實。

我在開始營業時，手上擁有的金額還不到300萬日圓，雖然是約20年前的事，但就算在當時也是不夠一般開店資金的金額。

但是我有兩種武器。第一是時間。我想，只要耐心去找就能挖到寶吧！設想好東京都內幾個年輕人很多的熱鬧場所，走到了鎮上的不動產公司去。

一開始我看上的是下北澤。既有很多年輕人也有很多中古建築，想著或許能做得成生意，於是便邊走邊找店面去。條件是距離車站徒步5分鐘內，地下或空中（二樓以上）不行，就算窄一點也沒關係，但正面的寬度要在6公尺以上，並且是可以確保15個座位的場所，我以此為條件尋找著。當然最無法讓步的是租金。條件是10萬日圓以下。

但是找啊找找啊找，卻找不到符合這些條件的店面。

現在的話只要用網路一搜尋，不用10分鐘就能明白我所構思的條件是非常不符常識的吧！然而無知的我在對市價本身一無所知的狀態下，每一天都持續尋找著店面。結果，當我發現「自己所尋找的店面是不存在的幻影」，已經是持續尋找超過3個月之後的事了。

可不能在這就洩氣。我又再次回到了最初的想法。

「是啊，因為想好覺得路邊攤也行，所以大小只要跟路邊攤差不多就好」

於是，我開始找起小一點的店面。然而，或許是因為泡沫經濟的餘波影響，當時的下北澤和澀谷租金依舊很貴。而且還留有不以1間房，而是以一坪多少來算的習慣。如果是車站前的優良地段的話，就算是只有5坪的店面，一坪也要10萬租金，幾乎都在60萬日圓以上，完全沒有考慮的餘地。

即使如此我也沒有放棄，依舊在地圖上預想年輕人在都內會聚集的場所，並繼續去尋找。

最後我找到的是名為江古田的小街道。雖然快車不會停靠這裡的車站，但在車站的半徑500公尺內有三間大學。

前去一看，這條街雖然只有下北澤三分之一，不，是五分之一，但有許多的年輕人，也有令人懷舊的商店街。若是這裡的話或許有辦法也說不定，抱持著期待馬上飛奔進不動產公司。但是卻大失所望。

雖然說來失禮，但就算是練馬區也算在東京23區內。儘管不到下北澤的程度，但也沒什麼好說的。

日暮途窮之下在街上閒晃時，我注意到了這裡與下北澤的差異。

以下北澤來說，車站周邊主要幹道岔出的小巷裡也充斥著店面。但在江古田，即使距離車站還不到１００公尺，巷子裡也都只有老舊住宅。一條不知道能不能讓一台車通過的狹窄小路，道路上排列著花盆，有股昭和的氣息。

我靈光一閃，「對了……找店鋪店面是不行的……。」

從那天起我就像是在四處遊蕩一般，走在江古田車站周邊的巷弄裡。尋找的並不是空屋店面，而是「汽車車庫」，並且是剛好能停進1輛輕型車【*譯註4】大小的車庫。找到之後，也檢查了車輛出入的狀況。盯上了幾個確定要打好幾次方向盤，相當費力才能停進的車庫。

譯註4：輕型車為日本相關法令制定的小型汽車，有「二輪輕型車」（１２５cc～２５０cc的摩托車）、「三輪輕型車」（６６０cc以下的機動三輪車）、「四輪輕型車」（６６０cc以下的汽車）。

其中我特別中意位在最狹窄小路上的老舊車庫。地段雖然不好，但距離車站剪票口還不到１００公尺。向附近的人打聽一下，確定了擁有者是隔壁的理髮廳老闆之後，就前去理髮了。由於下定決心要來拜訪好幾次，所以剪短的長度只有短短幾公釐（笑）。

不著痕跡地向老闆打聽之後，這一帶仍是以前的道路而寬度狹窄，只有輕型車能進得來。車庫果不其然也是只能停放一台輕型車的大小，連上下車時車門都只能開一半，在閒聊中發著牢騷。

這個有機會。這麼想的我走出理髮廳後，馬上就在附近找起停車場。運氣很好，在距離店家80公尺左右的大馬路上，有著剛建好的立體停車場，而且還空著一個位置。我和停車場業者暫簽了契約，再次前去拜訪理髮廳的老闆。然後我這麼對他說：

「我幫你保障了一個停車場的位置，能不能請你把車庫租給我呢」

當時立體停車場的月費是3萬5千日圓，這些費用由我支付，而與之相對的，用1萬5千日圓的月費把隔壁的車庫租給我。這樣既可以開普通的車輛，又可以免費使用出入方便的停車場，只能停輕型車的車庫又能產生租金，所以應該是有百利無一害的，我如此地遊說他。

雖然他一開始覺得事有蹊蹺而相當冷淡，但在交涉好幾次後，終於獲得了他的理解。

這也是有各式各樣的好運在。像是理髮廳老闆恰巧想把輕型車換成普通車一事，理髮廳老闆的住宅就在立體停車場附近一事，並且還有另一點。

理髮廳老闆為租借提出了兩個條件。租金一次繳納一年份，以及出租期限為2年並且不再延長，我當然是OK。得意忘形的我，更以因為一次繳納一年份的費用為理由，而把1個月1萬5千日圓的口頭約定，殺價到一年10萬日圓左右。年輕真好啊（啊哈哈），就這樣將作為租金所花費的金額控制在5萬日圓以內。

說實在最後稱得上幸運的是，這個車庫所在的地區有重新開發的計劃。是個收購整個區域含括附近小路，建構大型車站大樓的計畫。既然這是開始搬遷之前的暫定措施，那退租時應該也沒有恢復原狀的義務才對，這件事成為我下定決心的推手。

這麼一來就取得了心中想要的店面。不過租來的還只是車庫而不是店鋪。實際拉開鐵門一看，真的是什麼也沒有。說實在話，接下來若不去拉自來水管和瓦斯管線，做出廚房和廁所，並在廚房弄出洗手台或做好排水設施的話，可成不了一間店。保健所【*譯註5】是不會發下營業許可的。

譯註5：類似台灣的衛生局。

總之構想了一下店內的布局，我自己做了份簡單的平面圖。因為是店面，總不能說不好意思門是鐵門，牆壁也只有一面，我大致推量了一下，瓦斯就把瓦斯桶擺在裡面的通道，只要再做個櫃台就能打造出一家店，便馬上跑去附近的土木工程公司。然而卻被貴得離譜的價格（雖然這麼說但也就200萬左右）嚇了一跳，於是下定決心要自己動手。

我還有第二種武器。我擁有以前曾在設計事務所工作過的經驗。如果是普通的餐飲店，既會畫設計圖也可以進行現場監工。因此就下定決心由自己來主持施工。

我馬上前往區公所與職業介紹所，向區公所提出申請，調查好該區的補助金額後，便前往職業介紹所尋找在找工作的人。出示我的設計圖並找齊了師傅們。聚集起來的都是些已經超過65歲（自稱）的師傅。於是在我一邊協助之下，像是讓木工師傅們幫忙板金施工和製作排氣管啦，讓磁磚師傅幫忙安裝洗手台和馬桶等等，除了瓦斯之外，在幾乎所有的施工都由我們自己來做的情況下，成功以最低預算打造出一家店。只不過，把一般為期1週左右的工程，花費了1個半月的時間就是（笑）。

即使如此，但總算是把店鋪弄好了，一間只有櫃台6個座位沒名字的店。商號則以聽天由命【＊譯註6】，決定取名叫「一屋」，在1998年11月一個下雨的日子裡，默默地OPEN了。

譯註6：原文為是一還是八（一か八か），一跟八是出自日本傳統賭博「丁半」（ちょうはん）兩個漢字的上半部，意思是賭運氣、聽天由命。

包含採買費用，到開張之前所花費的開銷不到250萬，當時我的所有財產，減少到只剩下數十萬日圓。

真的是不花錢打造店面！（垣東）

土田先生為了開店所花費的費用大概是250萬日圓。那麼，用250萬日圓開拉麵店是可能的嗎？答案是YES。實際上，花費更少而開了拉麵店的人並不在少數。只不過那些全都是所謂的「店面頂讓」。以餐飲店的情況來說，一般在停業時，會依照契約恢復成名為骨架的、店面出借前的狀態，也就是說要把空調、電源、瓦斯、排水設備等全部解體、拆除（這稱為恢復原狀）。這個相當花錢。因此，藉由直接把這些設備讓給其他人使用，不管是停業的人還是開始營業的人都可以省錢，這就是店面頂讓。以拉麵店來說，用「頂讓」來開店的店家並不少。

順帶一提，如果想要以骨架店面來經營拉麵店的話，雖然得根據場所和坪數而定，但最少也要花上大約1000萬日圓吧！以土田先生的情況來說，錢就只有350萬日圓。所以，一開始才會去考慮路邊攤。（路邊攤的話，我想連100萬日圓也花不到）可是，要在東京開設新的路邊攤，事實上是不可能的。首先警察就不會發下道路使用許可。

總地來說，對土田先生而言，應該是沒有「頂讓」之外的選項才對。

不過他似乎想著，「對門外漢的我來說，打從一開始就沒想過要用頂讓來一決勝負」。要說為什麼的話，是因為他認為「在其他人失敗過的場所開店，成功的機率很低」。我認為這正是「有土田先生風格的想法」。一般來說都會認為「沒錢＝頂讓」。就如同剛才提到的，這是因為沒有其他的選擇。但是土田先生卻很堅持，「才不想特地在有失敗前例的場所開店」，並打造出了最初的店面。

我並不曉得任何從「頂讓」起步而生意興隆的店。當然，這只是在我所知的範圍內，因此也會有例外吧！但是我認為「這也有它的道理」。那就是「從一開始就不妥協」。不管是誰，在想著「擁有一家自己的店吧」的時候，應該都不會對頂讓感到高興才是。既無法決定店面的設計（布局），設備還是用過而顯得有點髒髒的，更何況還是間已經有不祥之兆的店。即使如此卻還是選擇它，就是因為沒有錢。但這是正確的決定嗎？最一開始的妥協，不會又產生出下一次的妥協嗎？

確實大家並不像土田先生那樣，有在設計事務所工作過的經驗。因此沒辦法模仿土田先生那種打破常規的店面製作方式吧！可是，重點並不在這裡。重點是「不向沒錢妥協」。

會員制拉麵店

應該幾乎沒人知道這個吧，但我最初的店是世上稀有的「會員制拉麵店」。可能會覺得搞不懂這是什麼意思吧。店面既沒有招牌，門上還上著鎖。客人要按下只有會員知道的密碼，才能開鎖進來店裡。為什麼要打造這麼不可思議的店呢？來談談它的來龍去脈吧。

雖然終於迎來開幕，但在施工預算上小氣的下場，忘記製作最重要的店面招牌了。作為一個好像很了不起、說著自己有設計事務所經驗的人，是相當丟臉的低級失誤，但就把它看作是因為無論如何都拼命不花錢，所以莫可奈何的事吧（笑）。儘管急急忙忙地前去招牌公司商量，卻又再次被招牌那預料之外的昂貴嚇到。沒辦法了……

我一邊在進行開店準備時，姑且也考慮了店名的事。但越想越覺得店名（商號）之類的怎樣都好。

走在街上看到的店，盡是些字體看不懂的店名和搞不清楚意思的店名。大概是注入了老闆自己獨特的「想與其他店有所差別」、「想變顯眼」的願望吧！

然而很遺憾地，這些店大半都不會留在記憶裡，所以也鮮少再次造訪。這是因為，並沒能像老闆所期待的那樣有個性的緣故。

店名真的變重要是在成為名店（品牌）之後。

如果是東京的讀者的話我想應該可以理解，舉例來說就像賣和菓子的「虎屋」一樣。假如在赤坂的「虎屋」本店旁開了間和菓子店，也幾乎不會有成功的可能性吧！不管拿出怎樣的產品也好，做了多麼辛苦的企業努力也好，客人果然還是會選擇「虎屋」吧！

這點也能拿伊勢丹或高島屋這些百貨公司來說。在地方都市突然出現這種百貨公司的話，客人（就算沒有去過伊勢丹或高島屋）也會毫不猶豫地入店。這就是品牌的力量。只要不是品牌，不管在招牌或名字上下多少工夫，當下也沒有意義。我是這麼認為的。

在想了很多之後，最後想到的是經營一家沒招牌的店。反正世上到處都是招牌，所以就算有間沒招牌的店或許也不錯……就這樣將錯就錯。

我還有另一個煩惱。那就是，我會做的拉麵只有一種（笑）。這個只要勉強一點的話還是可以增加變化，但會有讓商品品質滑落的風險，最重要的是，對沒有拉麵店經驗的我來說，負擔太重了。因此決定就只用1種來經營。

更進一步地說，因為我在資金方面已經沒有餘力了。質樸、踏實地經營，不是長久之計。

從這些嚴峻的條件中我所引導出的答案，不是開一間「美味的店」，而是先開一間「成為話題的店」。不管是負評還是奇怪的傳聞什麼都好，總之，打造出一間「讓人在意的店」。

榨乾我所沒有的智慧得出的答案，就是「會員制拉麵店」。

全黑的牆壁，沒有窗戶也沒有招牌。正面就只有一道上鎖的門。

「只有真正喜歡的客人請進。如果從小窗打聲招呼就會幫你開門」

於是在看不出是賣什麼的店前貼上了1張貼紙。並在門口掛上了要按密碼才能打開的鎖。

並且只有在開張的前一天不上鎖讓每個人都可以進來。

店裡只有我一個人，而且幾乎不說話。

牆上貼有「禁止竊竊私語」的貼紙，在吧檯前則貼上寫有我親筆字的紙：

「本日提供醬油拉麵。不過，由於本店採會員制，只有對今日享用的拉麵感到滿足的客人，請支付麵錢600日圓以及作為永久會員費的100日圓（合計700日圓）。將會告知自下次起可自由進入的門鎖密碼。

此外，無法接受的客人就不必支付了，請直接回去吧！」

便開始做起生意。

我想，這麼做的話「一定會成為話題」。連話題都成不了的店那就沒辦法了。就算是不好的傳言也是評價的一種。只要之後能把傳言散佈出去的話，客人自然就會來。我是這麼想的。

開張的第一天，我在門口上了鎖並等著客人。但是下雨天，來的客人只有3位。果然還是不能小看做生意……。

不過儘管如此，隨著日子過去，店前也慢慢變得熱鬧起來。在當時江古田的街上，好像有大概25間的拉麵店，大家彼此都在競爭著。此時突然出現一間在貼紙上不寫店名，門上還掛有密碼鎖的店，因此不管客人來或不來都會造成傳聞。甚至到了連附近的警察都會來打聽裡面在做什麼的程度。

經過一個月後，從隔壁房東那裡聽說，我的店在各式各樣的店裡成了話題。就像我預期的一樣。

接下來就是關鍵了。媒體聽到傳聞後前來採訪。我則是作為「拒絕採訪的店」，表現出不答應採訪的態度。拒絕採訪也只是因為打著會員制的招牌，所以想著果然還是不要讓人看到裡面的模樣比較好吧，並不是什麼深謀遠慮。

然而這反而受到矚目。

媒體感到相當不可思議，因此我越是拒絕他們就追得越緊。

所以傳聞漸漸地越演越烈。

像是被傳為某某人的弟子，盡是些隨便怎樣都好的內容。

而關於這一切，我則是一概不回答。

事物有著在弄得一清二楚的瞬間，人們就會對它失去興趣的性質在。

這麼做的結果，便是在經過3個月後，店面就順利成為那種不時會出現排隊隊伍、還算生意興隆的店了。

但是，我並不是想拿這些來自吹自擂。坦白承認的話，這全都是權宜之計。要是有錢的話，我應該也會去做超豪華的招牌，如果能做出100種拉麵的話，那毫無疑問就會開設一間販賣100種拉麵的店。拒絕採訪也沒有太深刻想法，只是其中一種選擇，但卻意外奏效了也說不定。

1999年，開始經營拉麵店當時的土田氏。

總之就是拼了命，想盡辦法把我手中持有的卡片當成武器。
因此，既沒有周全的計畫，也不確定可以順利進行，真是遺憾（笑）。

■會員制系統

機會難得，就先把我所實行的會員制系統，整理一下作個介紹吧！說不定對某些人能派上用場（大概相反吧……笑）。
在決定好實行會員制後，想好了幾種方案。

1. 發行會員卡，只有拿出會員卡的客人（會員）才能進來店裡。
2. 在註冊為會員時給予複製的鑰匙。店門則上鎖。

然而，不管是會員卡還是打鑰匙都需要成本。而此時我所想到的就是密碼鎖。如此一來就只要花鎖錢就好。

步驟大概是像這樣。從外頭一看，店面既沒有招牌也沒有商號，連窗戶也沒有，牆壁更是一片漆黑。別說是拉麵店了，就連是不是餐飲店都搞不清楚，真的是間「謎樣的店」。

牆上寫有指示，「第一次來的客人請敲敲這裡」

客人「咚咚（敲門）」

我打開小窗露出臉來。

我「你好」

客人「我是第一次來」

我「請進」

從內側把鎖打開後讓客人進來。

不和客人說話，把所有的說明都寫在牆上貼的紙上。這是因為即使客人隨便問了些拉麵的問題我也沒辦法好好回答，所想出來的權宜之計（笑）。

既然是會員制拉麵店，就請想成為會員的客人付拉麵錢再加上100日圓的入會費。（註冊不需要入會費之外的費用）

收到入會費之後，就給他一張寫有密碼的紙。以後就請他輸入密碼進來店裡。也可以自由攜帶不是會員的同伴。整體就是這種感覺。而密碼則是想故意弄成每個人都好記、容易洩漏出去的號碼，於是設定為「5963（辛苦了【*譯註7】）」。

譯註7：5963諧音ご苦労さん（gokurousan），意思是辛苦了。

關於會員制拉麵店（垣東）

這裡想來解說一下會員制拉麵的機制。

說到底什麼是會員制拉麵店呢？簡單來說就是「只有會員才吃得到的拉麵店」。雖然不知道現在還有沒有，但在泡沫經濟時代曾有「會員制俱樂部」。像是把大樓公寓的其中1

個房間弄成俱樂部。而這種場所非常重視會員資格，甚至到了相當嚴格的地步，像是需要很高的年會費，或是沒有會員的介紹就無法加入等等，附帶了各式各樣的條件。大概就像京都「謝絕生面孔」那類的感覺吧。

會員制這個詞彙聽起來不同凡響。要成為會員嗎？如果沒有身為會員的同伴就去不了的場所、嚐不到的味道。現在回想起來也有種泡沫般的感覺，是個令人感覺到名流世界的詞彙。

然而拉麵是庶民的味道，與名流是極端的存在。所以會員制與拉麵店是無法兩全的。如果有，那也是漫畫裡的故事呢。

再稍稍說明一下理由吧！會員制的店，意思就是原則上客人只有會員。自然客人就會被限定，也就是會變少。比起一般情況來得更少的客人，為了經營下去，就需要相應的客單價。但就算如此，也不可能做出一碗一萬日圓的拉麵，而且那也賣不出去。

也就是說，讓會員制拉麵店得以成立的方法，重點在於「不執著於會員制的思考模式」。換言之，要想成是**「類似會員制的店」**。

從土田先生的解說可以理解到，這個會員機制跟濾網是一樣的。但只要說是「第一次來」，不管幾次都能進到店裡，而密碼也很好記，所以也很輕易就能告知其他人。就算明顯能看出是第一次來的客人，由於沒有發行會員卡也無從確認，在知道密碼的前提之下，也只能當成會員來對待。總而言之，這是個有名無實的會員機制。

這是利用了「會員制的店」、「上鎖的店」的話題性，以名與實來說的話，是只想要「名」。實際上，似乎連將它規劃來好好活用的餘裕都沒有。是只為了「造成話題」的創意。

若以個人意見來說，所謂的會員制店面是一種「暗器【*譯註8】」，我想未必會是有效的手段。可是由於機會難得，因此向土田先生取得了許可，在這裡寫下了竅門。請參考看看吧！

譯註8：原文為飛行道具（飛び道具），原意指弓箭、長槍一類的遠距離攻擊武器，引申為與眾不同、非常規的想法。

到會員制的店關店之前

會員制的極限

在會員制的店步上軌道的當下，我就想好「實行會員制的，就僅限這間店了吧」。這不只是因為營業額碰上了瓶頸。而是因為新鮮的資訊，也必將隨著時間經過而變得陳舊……

當時的我相當神氣。（嗳，雖然也無法斷言現在不是這樣了）

最近，我找到了當時存在於那間店的待客手冊：

「絕對不向來店的客人說歡迎光臨」

「客人坐上椅子後，就默不吭聲地製作拉麵，默默地端上桌」

「別讓客人用湯匙」

（這是因為預算的關係而無法購買的緣故……啊哈哈）

「即使這麼做也依然說請給我湯匙的人，就對他說湯是直接從碗裡來品嚐的」等等之類的，都是些相當過分的行為。現在看到就連自己也不敢相信（笑）。

也有不繳入會費的客人。雖然我打從一開始就沒把入會費算入營業額，也已經預想過有幾成的人會不願支付，但說實話還是相當不愉快。

就如我預想的，假冒的會員也增加了。好幾次都對小窗說「第一次來」的人，以及不管怎麼看都是第一次，卻按下門上的密碼進來的人。

我把那些人全都當成會員並讓他們入店了。然而，這並不表示我可以接受。雖說是入會費，但也只是少少的１００日圓。而且還只需付1次。即使如此還是有許多不願支付的人，這讓我累積了不少壓力。我的拉麵連１００日圓的附加價值也沒有嗎？也曾經如此消沉過。

雖然這與會員制沒有關係，但我也曾經大罵：

「不能接受的客人就不用付麵錢了，請回去吧」

但也是徒勞無功。雖然這是剛開始時的事，但居然有2成的客人不付錢就這麼回去了。

滿腔怒火卻也莫可奈何……因為畢竟都這麼寫了。

然而很會記恨的我，就只有對不付錢的客人絕對不會忘記。

當下一次那個人又說「第一次來」並進到店裡後，絕對會要他付那700日圓。

因為是這種營業模式，也有各式各樣的客人會來，所以也多少會有點麻煩。

「不過是間拉麵店有什麼了不起的！」，也曾有像這樣大小聲的客人，而我也吼了回去。

也曾經吵到在店外打了起來。（已經過了追訴時效了呢（笑）年輕真好啊～）

某種意義上來說，是很棒的時代吧！若是像現在這樣網路訊息的傳送很盛行的話，感覺會引發相當大的騷動。

然而曾經實行會員制這點，現在我也仍覺得那沒有錯。堅持會員制的我所做出來的拉麵，對那些前來品嚐的客人來說，我相信那是一種極致的表演，而且如今也還是這麼相信著。實際上，即便是經過１５年以上的如今，依然不時會有能請你採取會員制嗎一類的開店提案，果然那曾經是我的武器沒錯。

開第2間店

在不到一年的期間，我的店一天就有大概１５０人來店。然而，我並不認為會就這樣一直順利下去，因此，為了將來我持續交互著嘗試與失敗。味道濃得異常、去掉所有配料的拉麵，以及放入4球麵的超大碗拉麵等等，製作出許多亂來的菜色。其中，紫蘇風味的

「鹽味拉麵」和「東京味味噌拉麵」一類的商品反應還算不錯，現在在敝公司的店裡，這些也成為了正式菜色。

也有預期落空的部分。在我開始營業時就注意到，雖然有3所大學，但一年內有將近一半的時間，街上都靜得跟鬼城一樣，春假、暑假、寒假，大學的假期真是太長了（笑）。

而更讓人煩惱的是，可以清楚分出忙碌的時間與閒暇的時間。中午跟晚上，也就是所謂的吃飯時間雖然會出現隊伍，但除此之外的時間卻是空蕩蕩。雖然後來認為這就是路邊店的宿命而放棄了，但我也曾經想過能不能做點什麼，思考過免費或100日圓拉麵等幾個方案，結果都因為缺點太多而沒有實現。

儘管如此，不管客人來或不來，會員制都是我所擁有的武器，所以也沒辦法中途放手。於是這間店就這樣讓它作為傳說中（笑）會員制拉麵店落幕，並決定好馬上在附近開第2間店（2號店）。

在開始經營拉麵店的1年半之後，我開了2號店。

2號店開在距離1號店（最一開始的店）僅有100公尺左右的場所。與開在狹窄小巷的1號店成對比，這次則是開在了鐵路沿線的道路上，因此製作了在電車上也能看見的大型招牌，第一次寫上了「一屋」的商號。並且做成了能從外面看清裡面的開放式店面。一切都和1號店相反。

位子則是多了1個變成7個位子。

事實上這個做法成功了。會員制一個月最多也不知道能不能賣到300萬日圓，但2號店的營業額則超過了一個月500萬日圓。

成功的主要原因，是把還剩半年契約的舊1號店當成了備料的場所。另外有一個備料的場所的話，店面就可以專心在販賣上。也搞清楚了1號店時曾煩惱過的忙碌與閒暇時的落差，可以藉由在忙碌的時段有效率地販賣而成功解決。

我在2號店開了之後，馬上就在附近的另一個場所建立了廚房，製作出備料的場所。並且在半年後，開始進行開3號店的準備。因為我想既然已經有了備料的場所，只要是在附近，可以支援到6間店鋪。

小伎倆的極限（垣東）

就如前面所說的，土田先生實行「會員制拉麵店」只有最一開始的1間，而且還只有短短的1年半。

所謂的會員制，歸根究柢就是一種附加價值。但對1碗600日圓的拉麵加上附加價值是有其極限的。聽了土田先生所說的話之後，明白了當客人習慣了會員制這種衝擊之後，要接二連三去摸索破天荒的菜色或限定產品一類新的表演方式。換言之，會員制拉麵這種表演，若不繼續提出新的附加價值的話，就會變得平淡無奇。

倘若這是「真正的」會員制的話，就會收取相應的費用，也可能會有特別的表演吧，但這並不適合拉麵這種「用大量販賣來賺錢」的生意。不管怎麼說，畢竟是「拉麵店」，是連100日圓入會費都捨不得的那種客人會來光顧的店。

對土田先生來說，「會員制」是邁向成功的立足點。然而讓我更加佩服的是，才1年半就乾脆地放棄了1天會有150位客人、已經踏上軌道的店。說實在話，連我當時也覺得「做了讓人惋惜的決定啊」，但土田先生的果斷正中了紅心。就結果論來說，用會員制的店把「名氣」和「味道」擴展到附近之後，這次則換成「容易進門的店」。雖然說來難聽，但土田先生正是把會員制店面當成了「墊腳石」。

世上經常說「為了下一次的成功，要捨棄前一次的成功」，能夠實踐這一點的土田先生，我覺得他相當勇敢。為什麼做得到這種事呢，那是因為在取得成功的期間，感覺到了現在的成功的極限之故。更進一步來說，為了把會員制的成功轉變為更大的成功而絞盡了腦汁，結果看清沒有更好的未來了呢。

打聽之後才知道，土田先生一直到3號店開張前，連一次都沒有拿過自己的薪水呢。

「三餐就吃拉麵。房間也只是偶爾回去睡一會，大部分時間都在店裡，在延長客人座位的躺椅上度過，所以沒花什麼錢。這部分則挪用到了下一次要借用的不動產費用和施工費用上。」

正因為是用勉勉強強的創業資金開始的土田先生，為了下次的擴展，資金的儲蓄是不可或缺的，這部份我覺得也是很有土田先生風格的貫徹初衷。

汰舊&換新

■相遇

雖然又回到老話題上，但在開始會員制大概半年後的某一天，我因為睡過頭而讓湯頭沸騰了太久。這是開店以來首次的失敗。

在那樣的日子，開店時間來了位從沒見過的大叔。我對他說「今天湯頭不行所以不營業唷」，那個人卻說「我是專程從目黑來的。請務必讓我嚐嚐看」，在說服了不情不願的我之後，吃完拉麵回去了。雖然他說了「我要付錢」，但我並沒有收下。那時我連作夢都想不到，這次的相遇竟改變了我往後的拉麵人生……。

然後過了好幾年，在開了3號店的那陣子，某個都市開發業者向我提出「我們計畫打造一個全國有名拉麵店的集合設施，能不能請您考慮看看」，而我接受了他們的邀請。

因為我的店已經不是「會員制的店」，被媒體介紹的機會也減少許多，所以我向負責人詢問「為什麼會找我們的店？」，才得知是經由當時吃過最多拉麵的製作人——大崎裕史先生的介紹。看了一下照片，大崎先生就是那位只來過一次，還是在湯頭失敗的當天前來的那位大叔。（真沒禮貌）

從那之後經過了18年以上，直到去年年底，才首次正式地向大崎先生對那時的事情道謝（我這人真是差勁啊……）。我這個人基本上，在工作方面不會特別去和其他人聚在一起。所以在拉麵業界幾乎沒有認識的人，也不會自己主動去認識朋友。不過，人沒有辦法獨自一人活下去，不管是人或物還是除此之外的什麼，果然還是會相遇，偶爾也會向前邁進。這在我年歲增長之後，才總算是注意到了（或許有點太晚了（笑））。

名為購物中心的怪物

因為這個機緣，決定在購物中心（以下稱ＳＣ）展店了。這有點文化衝擊的感覺。說得極端一點的話，就是一整天客流都不會中斷。試著想一想，因為一天有數萬人出入所以也是理所當然的事，但是這與至今我所經歷過的店面，在「選址上」有著根本上的等級差異。一天賣出１０００碗以上也毫不稀奇。

這麼一來若是按照一直以來的作戰策略，是怎樣都來不及的。我覺得必須轉換想法。我將至今的初期投資最小化方針做出１８０度轉變，就是在這個時期。下定決心不在設備的投資上吝惜資金。（也就是之前提到的故事）

於是，不管是煮麵機還是工作檯，全都在一個廚房裡分別設置了2處。2處各4位師傅，創造出可由8個人同時供應１５～２０碗麵的系統。這麼一來一個小時左右可以供應到１５０碗麵。幸虧這樣，得以創造出比其他同在ＳＣ內的拉麵店，多出接近２．５倍的營業額來。

然後以此為契機，我脫下了廚師的外袍，開始著手下一項工作。帶著名片和實際成果（財務報表），向全國的SC開始了推銷旅行。

雖然幾乎所有的SC都沒把我當一回事，但很意外的，也許是大公司心胸寬大，有間公司願意聽聽我說話。位在千葉縣S市的某商場內，最一開始雖然是3個月的短期契約，但若能在5坪寬店面1個月賣到500萬以上的話，就有考慮更新契約的機會。只能在這裡一決勝負了，用上全部的職員在這5坪的廚房內東奔西跑，最終甚至成了賣到800萬日圓的店。就結果來說，這樣的成果帶來了下次展店的機會。

從第一次SC展店後的大概8年內，全國（台場AQUA City、千葉One's Mall、福岡縣Canal City、宇都宮Robinson's、立川AREAREA、桑名Mycal、佐賀One's Mall、川崎BE及其他許多）都來向我招手，並多次展店。大多為20～30個座位的店面，平均都有月交易額超過1000萬日圓營業額的表現。

順帶一提，若是在美食街展店的話，10坪的店每個月可以賣到3400萬日圓，以當時的拉麵店來說，每個月每坪營業額還曾被表彰為為日本第一。

若是更大一點的公司的話，或許會覺得這種程度的數字並不值得吃驚，但對我而言卻是一大創舉。

社會上的信用就是這種東西

雖然盡是寫了些好像景氣很好的內容，但也並非都是如此。

在當時雖然有許多邀請者，並接受了來自各地的展店委託，但畢竟靠負債經營（雖然這麼說但我並沒有借錢……）還是太辛苦了，因此第一次前往銀行。

向年輕的負責人表達了想借錢的意思，被說了句請拿著財務報表來後，我馬上就帶來了三期的財務報表。目的是借到2000萬日圓的金額。

於是銀行方面對我說：「因為至今沒有來往過，準備點可以用來擔保的東西吧。」怎麼可能有那種東西。於是想說先得到信用。又被詢問「2000萬日圓可以在3年內還清嗎？」利息我記得確實是將近百分之5。

我回問他，3年償還的是利息呢？還是本金呢？年輕的融資負責人用一張蠢臉回答：

「全部。」

實在太過荒謬，我馬上就離開了銀行。即便在當時，敝公司的水準我想年銷售額也有個3億左右。如果是接受過融資的人我想應該會懂吧！這個故事跟票面金額無關，而是在說還款期間是沒有信用的。

順帶一提，去年同一間銀行來問我，3億年利率2%分15年還款如何，但在玄關前就被我請回去了（我很壞心眼的）。

希望你們能好好理解，他們，不，世人眼裡的餐飲業界（特別是拉麵店）就是這種程度的東西。當然，若是成績更好的優良公司，不管分成100年也好還是100億也好，都會願意借錢的吧……。

然而相反地，我也認為銀行的判斷是正確的。雖然下雨時不會把傘借你，但會在晴天的時候帶著傘來。因為這就是他們在做的生意，他們也是以此來謀生的……。

前面也曾提到過，餐飲店的經營要維持10年以上非常困難，這點他們是最了解的吧！

■經營者不需要品牌

從路邊的店鋪升級成在SC展店後，在第3、4間店時注意到了一件事。那就是如果在同樓層有新店開張，那間店就會有源源不絕的客流這件事。這就是所謂的開店榮景吧！雖然說法很難聽，但也曾經有被那種讓人想說「為什麼那種店也能有那麼多客人」的店家給超越，而十分光火的情況。這讓我實際感受到，日本人果然是喜歡新鮮事物啊。

然而當開店榮景過了之後，沒有成功建立品牌（品牌化）的店家，顧客（營業額）會隨著時間急遽地下降。

也就是說，因為開店榮景的泡沫而流行起來的店，客人也會被下一個新店面的開店榮景給奪走。

這點就算在路邊的店我想也是一樣的。若是附近出現了相同業態的新店面，有不少以前就有的店其營業額會受到影響。

「我們店沒問題。因為我們對味道很有自信」

「客人很快就會膩了，之後又會回到我們店裡來」

小鎮裡的老伯經常會說這種話。

或許是這樣。

但就算是老伯店裡的味道，只要有吃膩的可能的話，那必定也會有比較喜歡新店口味的客人才是。

經營餐飲事業的大企業，大半都擁有各種範疇的品牌。舉例來說，以拉麵店為主體，旗下還擁有和菓子及甜點，或者是高級天婦羅等各式各樣的業態。他們會敏感地揣摩出身為房東的都市開發業者的意圖，如果有必要，甚至會改變業種。為此，他們擁有好幾種武器（品牌）。

也就是所謂的汰舊＆換新。

我所經營的公司，現在包含有經營海鮮丼的店面、炭火烤雞肉串的專賣店以及日本蕎麥麵店，就算只計麵的品牌，除了專賣醬油拉麵的店之外，也有味噌、沾麵、九州拉麵，以及小魚乾拉麵、烏龍麵專賣店等等，擁有7種品牌。

這是因為作為一名經營者痛切地感受到，當在那些覺得可以經營起來的地段和菜色，營業額卻無法如預想般拉起來（客人不來）時，「先準備好別的卡片」的必要性之故。

若被說是沒有品牌的話，或許也真是如此，但我就是想著「我的品牌就是不去擁有那種無聊品牌」而工作著的。不管是做生意還是人生，都會有撤退才是最佳選擇的時候。

土田流的汰舊&換新（垣東）

我想對土田先生的話做點補充。首先，是關於在購物中心展店。

土田先生對「在購物中心做生意」，與一直以來「在路邊的店做生意」的水準差別之大而感到訝異。確實，由於購物中心是「人群聚集的場所」，而且還是「為了購物和用餐而聚集起來的場所」，所以比起車站前的精華地段是更具魅力。

購物中心的魅力，（雖然要視設施的集客能力而定）就是在營業時間中顧客絡繹不絕這點。具體來說的話，就是消除了曾是土田先生煩惱原因的「閒暇時間」。

不過，這世上並沒有白吃的午餐。首先，在真正有集客能力的大型購物中心展店，本身就是一道大難關。與空下許多招租空間的SC是無法相比的，畢竟是1天就能有以億為單位營業額的設施。就身為房東的企業方來說，想讓更具吸客能力的店面進駐也是理所當然的事。

而能讓人打從一開始就期待吸引顧客能力的，就是所謂的「品牌」。也就是說，購物中心希望「品牌」來展店。而很遺憾的，土田先生的店並不是「品牌」。換句話說想要用普通的方法進入購物中心是很困難的。

此外，購物中心不僅是難以進入，而且還經常暴露在競爭之下。例如就算營業額「就自己來看是最好」，但若在設施中是最差的話，總之是無法獲得新契約的呢！更進一步來說，也會有作為在找到下一間品牌店的空檔期間，提出「如果是限定半年期間的話」這種條件的情況。

這裡就是得要絞盡腦汁的關鍵部份了。在這方面我覺得很有土田先生風格的，就是把所有的能量都灌注在了「效率」上這點呢。

或許這種說法會有語病，但若是普通的拉麵店老闆，當變得極為忙碌時就會被壓垮。只要提升效率就可以賺更多，雖然明白這個道理，但大家對於「改變現狀」一事卻都很消極。

對這一點，土田先生則毫不猶豫地集中在提升效率上。讓一次能供應的數量翻倍。為此，他把廚房的工作檯與員工數量變成了兩倍。這是非常單純的解決方法。實際上，還有其他的。土田先生對製作1碗的時間和1小時左右能提供的碗數，在可供應的時間上設定了目標，給予達成的團隊或個人加薪或是獎金。也就是在建設和經營兩方面，都為提升效率下足了工夫。

我認為這對經營者來說，是很恰當的判斷。提升效率想達成的目標是什麼？那就是「在最熱賣的時間（時段）賣出最多」這一點。這有幾個好處。首先，會提升營業額。雖然會有人說這不是理所當然的嗎，但並不是這樣。營業額會以數字的形式留下，這會成為經營上的武器。也就是說，土田先生是以**留下數字**來代替「品牌」。另外一點，提升效率對期間限定的展店也很有效。因為可以最大限度利用「開店榮景」之故。就算是期間限定，只要能在這裡盡可能地留下成績，比起繼續維持同一間店來得更為有益。這也是汰舊&換新。

包含今日其他業種的推展也是，因應狀況摸索出最好的選擇，這點我覺得真的很有土田先生的風格。

我與社會的相遇

我在少年時期真的很討厭念書。說得極端一點，只是為了打棒球才去學校的，然而棒球卻也因為某些原因無法持續到國中時期，所以就只是個普通的不良少年。

雖說是不良少年，但也曾經在位於國中附近的同伴家裡抽菸或吸食稀釋液，還與當地的同伴組織暴走族，穿著特攻服騎著摩托車在那鄉下小鎮狂飆（笑），是那個時代到處都看得到，鄉下的服貼著電捲頭（現在是說頂著嗎）的混混小哥。

就算是這種鄉下的少年，也對某件事很有興趣。那就是打工。如果問我喜歡勞動嗎，原本就是懶人的我現在也在煩惱這件事（笑），但是結果可以由每個月薪資的形式來明確得知的這點很棒。

自高中畢業已經過了30年以上，由於當時也有一個月20～30萬日圓的打工薪水，所以用自己的錢去考了汽車駕照。而這留級的不良少年，高中上下學時甚至還是開著自己買的車。（這是事實（笑））

雖然打過各式各樣的工，但主要的打工是從黃昏到深夜，擔任Ｐｕｂ的伙計（跟男公關有點不一樣），之後的半夜到早上，則是在酒吧的廚房裡幫忙，一週有４、５天都在工作，那學校呢？

在接近中午時起床前往學校，再趴在桌上睡大頭覺，在這3年就可以畢業的地方，只有我不知道為什麼花了４年的時間。啊哈哈。寫著這些的我現在也已經４８歲了。已經成為大叔的我，即便到了現在也覺得有那段時間的打工（雖然打得太多了）經驗，真的是太好了。

這並不是因為能以一介高中生的身分，一個人在大樓公寓生活或是買車的緣故。而是被迫用自己的方式去思考，怎麼樣才能提高薪資（時薪）這點。

大人們經常會說，比別人加倍勞動，但就算是物理性地持續勞動也好，１天也只有２４小時。

不擅長念書的少年使用著他所沒有的頭腦思考著。而結論就是，店裡接下來要做什麼？廚師長想從冰箱裡拿什麼？客人的菸灰缸中有沒有菸頭？有的話就是個在換菸灰缸時，詢問對方要不要再來一碗的機會。雖然是下意識地，卻變成一邊確認自己的存在價值一邊工作著。

從「很機靈」變成「很會工作」再變成「你不在會很傷腦筋」時，時薪也提升了1．5倍左右。不過，並不只是時薪提升，自己被需要、自己的存在被認可，這讓我感到很高興。

這在我現在的公司中，也以獎勵機制的形式在實施。主任、副店長、店長、經理、總部，在這些職務的不同之中，把原價、營業額、照明與瓦斯費數值化，讓大家都能夠了解，並對達成目標數值以及相關人員發放獎勵。

就算對昨天才入店的打工人員說去提高營業額，那也只是強人所難。所以，定出任務並組成團隊，先從自己做得到的事開始實行，然後再連結起成果。即便是現在，我都覺得這是我作為經營者的起源。

因為**「現場是員工的責任。營業額是經營者的責任」**。

第三章

滿是風波的日子

接下來是土田先生開始經營拉麵店之前的故事，並且還有土田先生不太對人提起的生病的事。土田先生的這半輩子，用一句話來說就是「波瀾萬丈」，但希望讓各位聽聽的並非故事的趣味性。不如說是希望各位領會，無數次與他人產生衝突並品嘗到挫折滋味，土田先生的那份「笨拙」。

我覺得土田先生作為經營者的成功，不如說是從之前的失敗中產生的。

而生病的話題則是讓人去思考，作為一名經營者、作為一個人，應該要如何生存下去。（垣東）

失敗與挫折

『父親』

若是回顧我的成長過程，我覺得在當時應該是到處都有、極為普通的境遇才是，但如果要說與其他人不同的話，我想應該是存在一位過於嚴厲的父親。

與嚴格不同，父親真的是一個放任感情、單純憑藉著本能活著的人。毆打母親的模樣，普通到說成是日常都不為過，甚至也有過只要自己不稱心，不管是對鄰居還是親戚，都讓情緒表露無遺而大肆胡鬧一類的記憶。

偶爾在全家一起出門時，也曾發生過父親突然煞車，並把後方車輛的年輕人拖下車，搶走駕照之後又回到車上的事。還是少年的我，就在當時安靜到令人感到恐怖的車裡。

從來不曾問過為什麼父親要做這樣的事。事後向媽媽詢問，似乎是因為父親對別人要超自己的車感到不滿……。（這是真有其事）

喜歡棒球的父親由於支持的關西球團輸了，心情變差而踹著母親說「都是妳教育得不好！」，還會用能夠把我們兄弟打飛好幾公尺的力道來揍我們。這種日子便是日常的生活。

所以到進國中之前，我們都對父親使用敬語，總是觀察著父親的臉色。被少年棒球隊排除在正選之外的那個晚上，雖然沒有挨打，卻也被罰超過了1個小時的跪坐，並被說了一句「丟臉」，這是連現在也都還會夢見、對少年來說打擊很大的一句話。

因為是這種環境，所以是不可能給予我們想要的東西的，小學生時用送報紙來支付棒球用具的費用。即便如此依然不夠的部分，則由媽媽或祖母背著父親偷偷地援助我。

這是什麼年代的事？或許會有人這麼想，我是西元1967年生，所以是30～35年前的事。

父親成長的環境，即便在鄉下也是住戶更為極端稀少的環境。或許才因此在溝通能力上有所缺陷也說不定。

伴隨著國中、高中的成長，儘管不再害怕父親的暴力，卻對與父親有關的事有了嚴重的抗拒反應，有很長一段時間甚至連交談都沒有過。

父親在十幾年前罹患了腦梗塞，現在已經變成會老實聽母親說話的人，看著那副模樣，雖然很丟臉，不過以前的感情依然殘留在我心中的某處。

是因為度過了這種少年時期的緣故嗎？我從以前開始就很不擅長拜託別人。每當有什麼事情，不和別人商量由自己來決定變成了一種習性。雖然我沒辦法好好說明，但我想，這是由於我沒有從父親那邊獲得自我存在的認可，因此憑著一己之力，追求著認同自己的方法所造成的結果。噯，雖然每個人的環境都不同，但可以全部都保護好、做好準備之類的人，等於是完全沒有的（雖然偶爾會有幾個），所以，也並非只有我是特別的。

由自己來決定這點，現在也沒有改變。當然我並不認為那是正確的，但是那也有好的一面。由於不與人商量，所以也沒有得知學說、理論的方法，因此也不會受制於常識。若是由自己創造出來的規則手冊的話，就依自己的風格，不斷去改變規則就好。

■『偶然』

我想這不僅限於我，所謂的人生就是連續的偶然。不管是成功也好失敗也好，都不能說沒有偶然的因素在。而我總覺得，我的偶然總是始於選擇而終於必然。

對不良少年來說，鄉下小鎮的狹窄世界是生活起來很艱辛的場所。我在20歲時尋找著屬於自己的居所，在美國流浪近2年後，最後不知為何來到了東京。

當然，在東京是完全無依無靠。然而在這眼前什麼也看不到的生活中，遇上了一個偶然（或說是幸運？）。

當時在芝浦的迪斯可舞廳（現在的話是俱樂部呢（笑））認識的人中，有位是藝能事務所的老闆，或許是覺得我是個有意思的傢伙，因而邀請我去試試看演員訓練。可以作為一名演藝人員來表現自己，由自己來成就些什麼，對於急著想要確認自己存在價值的我來說，是有如作夢一般的機會。

我毫不猶豫地就聽信了那個人所說的話，數週後，就成了演員田中健先生的跟班。自那時以來，真的受到了健大哥很多的照顧。不，是我添了很多麻煩。

健大哥度過了將近40年的演藝生活，在這40年的時間中，似乎曾有幾十位以成為演員為目標而努力學習著的跟班。我在那些人裡面，是個待的時間最短（8個月左右吧？）、成績很差的跟班。由於某個電影舉行甄選，而我居然碰巧甄選上了主角，我便擅自辭去了跟班一職。

在這背後，我並不知道有我所屬事務所的幫助，以及健大哥在背後推動才決定了由我主演，我擺出一副獨當一面的演員姿態開始工作。

在這將近5年的期間，田中健大哥只是默默地看著我。

1990年，剛開始當演員的土田氏。

突然當起了主角，我開始驕傲起來。現場遲到、不知幾次惹惱前輩演員和工作人員、引發各種問題。而理所當然的結果，就是角色從主演開始一點一點越變越小，當注意到的時候，工作已經變成等同於臨時演員的跑龍套角色了。

人窮志短，當時的我忘記了「成就點什麼來確認自己存在價值」的目的，甚至只是想著，只要能賺到錢什麼都好。

所以我把玩樂到早上當成了正事，不管是遲到攝影現場還是登機遲到，完全是天不怕地不怕。（很不妙呢）

但是演藝界是個縱向社會。我丟了工作、錢也沒了，開始對自己過去的時光感到後悔。

或許這些話很多餘，但在當時把那樣的我拉起來的，是女星加賀真理子女士，在我演員生涯最後的《哈姆雷特》，一年間承蒙她與我一起共同演出。導演是蜷川幸雄先生，主演則是真田廣之先生、松隆子小姐，是有頭有角的人物們的舞台。

在這我猜想可能是最後的機會而挑戰的工作中，激怒了世界知名的蜷川幸雄，在為期一年的公演中從已經被定好的角色中除名，最後演出的是在劇中出現的馬的前腳。（啊哈哈）

1年的契約一結束，就完全沒有作為演員的工作了。即使如此，當時我也仍舊相信就算沒被笨蛋製作人選上，自己還是有才能的。想著只要還能生活下去，機會還會再度上門。沒有注意到信用會在一瞬間消失殆盡，就只有將錯就錯得很快（或許現在也是）。

因為事已至此所以才說得出口，老實說，我開第一家店的時候，完全沒有自己是拉麵店老闆這類的自覺，就連當成營生手段的想法都沒有。想著要是不行的話放棄就好，只要再找其他事情做就可以了。

開店的理由，也是想著只要自己創造出自己的打工場所，既不用聽人使喚，生活也有保障，時間上也很自由，所以就由自己來選擇自己想扮演的角色（工作）。然而一名總是引發問題的演員，別說是舞台，連工作的案子等也一份都沒有。

那麼，又是為什麼下定決心用拉麵店來生活下去呢……。

「只是因為剛好經營得很順利」

或許看起來很遜，但這是真心話。是因為成功了才認真去做的嗎？如果被這麼問的話，就只能夠說「說不定是這樣」。

在這世上，有著不管多麼努力、多麼堅持也無法順利進行的事情，到此之前的人生若要說是哪邊的話，是無法順利的一方比較多。

於是我思考著。對我來說，以演員來謀生失敗了，拉麵店卻是（還過得去的）成功。可是這並非必然，這難道不是一種偶然的產物嗎？

雖然現在我也不覺得自己可以對著別人抬頭挺胸的活著，但我總有種親身學到的感覺——人生就是由誕生自無數偶然中的奇蹟（或大或小）所引發的事。

完全沒能理解周遭大人們所思考的事，而宛如恩將仇報一般的演員人生，我也曾經想過，對現在的我來說若是沒有那段時間的話，究竟會走上怎樣的人生道路呢。

而現在也是，不管是辭去演員還是成為了拉麵店老闆，都有種是在自己無法決定的狀況下活著的感覺。

我知道，我所做過的事情決非什麼英勇事蹟。

這種經營者的建議沒有什麼了不起的價值，現在寫著這些的我是最清楚不過的。

然而我還是鼓起勇氣想說。我覺得人生就是這種東西。重要的是，去做自己做得到的事。別人去做而順利進行的事，並不等於自己去做也會一樣順利，甚至也會有相反的情況。就我的情況來說，掙扎著想掌握作為演員的機會卻以失敗收場，而隨波逐流開始的拉麵店，卻支撐起了現在的自己。所以不需要什麼高遠的志向。比起這些，更重要的是接受偶然，即便一直受到狀況擺布，也要一邊去做自己做得到的事，這就是我所能給出的建議。

人生的岔路

這是距今6年前的事。原本記憶力就不好的我，怎麼也記不起與他人的約定等這類記憶錯亂的情況變多，再來甚至開始感覺到輕微的暈眩和短暫的頭痛。於是趁著全身健康檢查時，順便請醫生診察一下我的腦袋，這件事大大地改變了我的人生。

檢查後，甚至接到了來自住家附近，綜合醫院的腦神經外科有事想馬上告知的聯絡，說是已經寫好了介紹信，勸我趕緊去位在三田的J醫科大學醫院接受檢查。

我想起來恰巧在我的玩樂同伴中，有位腦神經外科的醫生菅原道仁，就試著拜託他幫我看一看資料。

在酒場裡只看得見酒醉模樣的他，我還記得他一臉認真地看著病歷的表情相當奇怪（庸醫在認真看病唷，啊哈哈）。

他的回答也是「馬上去J醫科大學吧，M醫師的話我可以幫你用電話聯絡」，並一臉認真地看著我（好像真的醫生啊……）。

「讓我再考慮一下」，隔天做了會再連絡的約定之後，我前往了他的醫院。

病名是「未破裂腦動脈瘤」。

由他來說明這我所不曾聽過的病名，才終於理解在自己的腦袋裡發生了什麼事。

總地來說，就是腦袋裡的血管長出了一顆腫包。因為腫包而導致血管的表皮被拉長，被拉長而使得表皮厚度變薄，形成了要破不破的狀態。如果破裂了，病名就會變成「蜘蛛膜下腔出血」。

腦動脈瘤會根據生長在「哪裡」而情況不同。就我的狀況來說，是在左眼後方一帶、靠近腦袋中心的部位，而且大小還在「６ｍｍ」以上。開顱手術似乎也很困難。就算是頭腦不好的我也深刻地了解了。

「什麼時候會破裂呢？」

「也有可能就是今天……」

「那，變大到幾ｍｍ的話會破呢？」

「有１ｍｍ就破裂的人，也有不破的人……」（果然是庸醫啊這傢伙）

深受信賴，來自全國拜託他做手術的患者為數眾多。而這樣的他卻靜靜地說出，如果是Ｊ醫療大學的Ｍ醫師的話或許有辦法做手術。

直到這時，我都還沒向妻子坦承生病的事。因為長女才剛誕生不久。

手術是採用稱為「栓塞手術」，從血管置入名為線圈的柔軟金屬絲一類的東西，用它把瘤填滿的方式來進行。不過就我的情況來說，施行手術本身就有導致瘤破裂的危險性。假如破裂的話，將沒有止血的方法，死亡率是５０％，Ｍ醫師如此告訴我。

自接獲住家附近綜合醫院的連絡過了1個禮拜的那天，我向妻子說出了Ｍ醫師的話。

在菅原先生的關照之下，Ｍ醫師把不排入其他手術的隔週定為我的手術日，並安排我馬上住院。

一邊凝視著年幼女兒的小手和妻子纖細的手指，我一邊想著各式各樣的事。

雖然手術預定開始的時間是早上7點半，但我因為恐慌發作，喝下了被禁止飲用的水，推遲了1個小時才開始手術。

12個小時後，我在穩定發出嗶、嗶、嗶警報聲，殺氣騰騰冷冰冰的ICU室裡醒了過來。

比預定還長上6個小時，超過9小時的手術在過了傍晚後結束了。

並沒有特別的情感，只是模模糊糊地想著「出生、成長、死去」或許就是這種感覺吧，之後，又沉沉地睡去。

幾天後，聽了M醫師的手術說明，得知在我的腦袋中，包含線圈共裝入了4個金屬零件。據說是困難得超乎想像的手術，而且還是不完全的。花費了將近10小時，成功栓塞（順利填滿）的只有整體的約60％，腦動脈瘤本身依然殘留在那裡，然而，由於判斷再花費更多時間，我在體力上將會無法支撐下去，因此結束了手術。也就是說，我剩下的所謂「一生」的時間，都得要一邊與這個定時炸彈共存一邊生活下去。

從那天之後約莫1年的期間，我都沒有去公司。把經營交給了職員，我則專心在療養上，因此，為了避免遇見家人與幾位近親以外的人而離開了東京。

因手術的後遺症頭髮掉了大半。術後有著明顯連自己都無法理解的身心變化，我變成了連想思考什麼、想去做什麼都做不到的狀態。並對這一點無法被其他人理解而感到焦躁，持續著一邊過份地亂罵妻子一邊進行復健的生活。

儘管在1年後回到了東京，我卻對與人見面抱持著超乎必要的恐懼，又持續了將近1年有如與社會完全斷絕一般的生活。

接受M醫師的介紹，接受J醫療大學相關醫院為期4天的檢查後，被診斷為重度「恐慌症」。

「雖然調查腦波並沒有任何異常，但恐怕是因為腦袋裡被碰觸一事成了契機，導致某些感情開關被改變的可能吧！」

負責診斷的K醫生進行了連我也能簡單理解的說明。

即使現在，也還是以每個月1次的頻率進行門診檢查，直到現在也沒有完全治好。實際上，在進入2015年之後，也曾在包含公司內的各式各樣場所中突然發作。

不過，這也有好事。

術後，作為後遺症最顯著的是記憶力下降。雖說如此，卻有遺忘討厭事情的傾向。（員工們也不時露出驚訝的表情）

再者，也知道了去思考痛苦、討厭的事會比較容易發作。拜此所賜，養成了不去對事物深入追究的習慣。（雖然原本就不太能思考就是，啊哈哈）負面的事情減少了（不知道實際上是怎樣），變得能夠總是愉快的生活了。

真是沒想到，這種本來一直覺得只有自己沒問題的事情，會發生在現實中。

痛切地感覺到人是很無能為力的。

只不過我覺得，用像我這種生活方式活過來的人而言，生了這麼嚴重的病，在很多意義上，都不得不心存感謝。

這邊想來介紹一下土田先生的部落格。儘管有許多可以表現出土田先生對事情的看法、價值觀的有趣內容，但礙於篇幅，這次就只介紹3則。（垣東）

土田先生的部落格 之1

2007年〇月〇日

過了10點才回到家看錄好的電視節目。於有明競技場舉行的WBC世界蠅量級冠軍爭奪戰。

臥薪嘗膽13年，直到33歲才成為世界冠軍的拳擊手，與年僅18歲、職業比賽經驗在10戰左右、世界排名第14名、作為拳擊K3兄弟而相當有名的次男T，這名前來挑戰冠軍的年輕人之間的比賽。

然而賽前評論家們的預測卻大致偏向冠軍，這讓人有點感到意外。

評論家們應該幾乎都是有拳擊經驗的人或前任冠軍，所以理應了解，33歲的拳擊手已經過了身為一名拳擊手的巔峰才對。

而18歲的年輕拳手T，則是沒有和日本人進行過正式比賽，這部分被說是經驗不足和吹牛而受到相當多的質疑，但他所打出的左鉤拳，以及在對手出拳後連續打出的刺拳所沒有的、力道厚重的直拳，這兩者的搭配到了比賽後半，算上33歲的身體的話，我想將無法判斷比賽的形勢。

從規則來看，比賽是冠軍的壓倒性勝利，但對我來說，看起來是場拳頭幾乎都無法漂亮地擊中彼此、勢均力敵的比賽。

當然，相對於冠軍的技巧性拳擊風格，僅憑一己之力，想抓準機會打中一擊而使拳頭變得焦躁且單調的T，不可否認他的經驗不足。播報員也多次喊出「犯規」。

沉身時頭搥對方，趁扭抱時戳眼睛，對大腿出拳。或許這是犯規也說不定，但在我所知道的範圍內，所有厲害的拳手都擁有這種技術。

就算是偶然也好，實際上在這場比賽中，冠軍也毆打了好幾次T的後腦勺。

在最後一回合時，T扛起冠軍並摔了出去。並在一邊扭抱的同時，抓住他的脖子將他推倒了。

T向世界的挑戰，早在這回合就已經結束了。

儘管這已經不是拳擊了，但我對這最後一回合他們之間的打鬥，感到相當有趣。

在11R之前總是保持前傾姿勢、不曾解除守備的拳擊風格，是身為訓練者並作為助手陪伴在一旁的父親，一直以來的教育和指示吧！

在當今世上還有一名18歲的少年如此順從地相信並尊敬著父親，若是為了讓父親開心連自己也能犧牲的少年姿態，對我來說看起來稍微有點心痛。

用難聽的說法的話就是戀父情結吧，應該也是因為活在遠比社會上的18

歲，視野更為狹窄的世界中吧！但，他在12R鐘響的同時停止了這個舉動。

應該是想著那種事已經隨便怎樣都好了吧！不是為了父親或為了腰帶，只對存在於眼前的對手而焦躁，並把讓自己焦躁的對手給摔了出去。

作為一名對拳擊一知半解的人，我覺得，如果只是互毆的話，不就無法判斷哪一方獲勝了嗎？

但既然這是運動，自然也就像這世間一樣設有規則，而他輸掉了這場拳擊比賽。

我總覺得在這場比賽中，18歲的年輕拳手T敗北，對他來說是件好事。

他在將來的拳擊人生中，一定會成為名留青史的選手吧！因為他應該已經知道了，那些父親沒有教給他、由他自己發出的拳頭和話語的威力，會傷害到包含自己在內的人。

土田先生的部落格 之2

2008年○月○日

幾天前，電視轉播了日本代表隊與智利代表隊的國際親善足球比賽。

非常遺憾地，我對足球完全沒有興趣。

舉行商業性質的運動比賽，是最會影響營業額的事（大家都不出門了對吧），而舉辦大型運動比賽時，在每週1次的公司內部會議中，也必定會成為議題，所以作為資訊而知道……的這種程度。

舉行比賽的當天夜晚，我非常罕見地在自己家中，並且在足球比賽開始的時段收看了電視。

於是我想，那就讓我這個沒有愛國精神的非國民，來看看大家因為愛國精神而熱血沸騰（說法太老套嗎）的足球吧！

不知道是開幕式或是賽前的儀式，電視裡出現了選手們入場前的畫面，看著與小朋友手牽著手的選手們，我感覺到了疑惑。

穿著小件足球球衣的少年們，牽著憧憬（？）的選手們的手，這是粉絲福利呢還是那是一種足球儀式呢。

不管是哪一種，日本選手連一名與少年們交談的選手都沒有。

智利選手就視作因為是日本小孩所以有語言上的問題好了，但日本選手牽著孩子們的手入場的模樣，讓我感到很不諧調。

或許只是剛好出現在那像是準備室場所的數秒間畫面，偶然沒有交談也說不定……

入場結束的選手在草皮上排成一列，開始齊唱起各國的國歌。

當然，在選手的前方，牽著手一起入場的小少年們也是排成一列的狀態。

嗯？兩國的選手們都在球衣外穿著像是運動外套的長外套。

而少年們則是穿著短袖短褲球衣的模樣。

選手們是為了接下來要舉行的比賽，所以不能讓身體冷掉吧？但是明明接下來就要舉行比賽，應該不會直接穿著外套在草皮上跑來跑去吧……

當天的東京國立競技場氣溫是5度。體感溫度說不定又來得更冷一些。

白天去打高爾夫的我，在7度的氣溫下，就算褲子底下還多穿了2件，還是讓我冷到覺得腰痛好像惡化了。

一起看電視的死神博士（註：朋友的綽號）說：「因為小朋友是風的孩子嘛。」

雖然我覺得這也有道理，但就算是風的孩子，會冷就是會冷，明明經過每日鍛鍊的職業運動選手就在那保持身體溫暖，沒道理小小的孩子們就不會冷。

在全國的足球迷面前，表現出一副我們是從事如此對孩子們抱持著關愛的運動唷，我無法自拔地將它看成是一種偽善的儀式。

說不定是我想太多了，也許是我缺乏人性的壞習慣，但是看著齊唱國歌的影像，感覺這個國家的選手還是無法在比賽中勝出的。

好幾名智利選手在自己國家的國歌流淌中，有人打開自己外套前襟，像是要包住顫抖的孩子們一般溫暖著他們，也有人帶著笑容摩擦著孩子們身體。相對的，當日本的國歌開始演奏時，日本選手們以有如鬼般的神色，所有人都露出備戰狀態的表情齊唱著國歌。

遺憾的是，沒有任何一名日本選手，關心自己眼前一副很冷的模樣的孩子們。

ＦＩＦＡ所發表的國際排名中，日本好像是３４名，而智利是４５名，儘管播報員強調著是程度比較差的對手，卻讓我思考，究竟是什麼的等級比較高呢。

在比賽將要開始前，選手們一齊脫下身穿的外套向前跑去。

奔跑起來的日本選手們的球衣，是長袖的。

這不是應該清楚明白的事嗎……你們覺得會冷的話，孩子們也會覺得冷。

讓孩子們穿的足球球衣象徵是短袖短褲的話，那選手入場之後應該也要穿短袖短褲才對，要把孩子們當成吉祥物來用的話，那至少也應該讓他們跟選手們一樣穿上運動外套才對的吧……。

也許逐一寫下這種事情的我相當可笑，但大人們所做的事情，讓我無法抑止地覺得，大半都是充斥著矛盾的。

打個盹再醒來時，比賽已經結束了。

比賽似乎是同分……。

與日本選手悔恨的表情相對照，看著露出笑容的智利選手，不知為何讓人鬆了一口氣。

土田先生的部落格 之3

2008年〇月〇日

午後，在池袋與本部的S君磋商結束後，前去拜訪U社長的公司。前幾天承蒙他送許多鮭魚子來我家，於是兼做道謝和磋商，前往U社長的公司做年末的問候。

當我在由服務人員引導我前往的M飯店停車場中，告知他們要開出車庫時，聽到了似乎由於某些機械故障，而需要稍微花點時間的說明。

想著因為只是要回公司就算不那麼匆忙也行，於是我前往位在飯店大廳的咖啡廳，靠在沙發上點了一杯咖啡。

片刻之後，一位穿著西裝、不知道是與我年紀相同還是比我再稍微年輕一點的男子，以及一名大概是國中生的少女通過我眼前，在旁邊的桌椅席就座。我猜想著少女的年紀是否更大一些，但在我這個位子，實在無法判斷少女的年齡。

「把拔，今天可以住下來對吧」

「……是啊。今天可以過夜唷。不過明天早上5點就得離開了呢」

我知道偷聽別人談話是很沒品的事。

但是愚昧的我聽見了這樣的對答，開始對這2個人的關係感到非常好奇。假裝不經意地張望重新看了一眼少女。果然是小孩子……。那麼應該理所當然的，不可能是男女之間的關係。

2個人點了柳橙汁，當女服務生離開之後，

「聖誕老人到底會從哪裡進來呢」，少女向男子詢問。

雖然無法判斷少女幾歲，但聽到這樣的對話之後，我覺得最一開始國中生的預測是落空了。

儘管有著長長的黑髮還戴著成熟、稍大的耳飾，但肯定還只是個小學生吧！

應該不可能上了國中還相信聖誕老人吧！

也許還有仍相信的孩子，但現在，特別是在這東京，我不認為會有。

男子會如何回答少女的詢問呢，我感到興致盎然。

男子用一副好像很困擾的表情說：「會從哪裡進來呢……從玄關嗎」並苦笑著。

「要是馬麻也來就好了呢」

是沒有聽到少女的聲音嗎，男子低著頭，轉動著裝有水的玻璃杯。

少女稱之為把拔的男子，大概是她的父親吧！

男子用著雖然緩慢卻像是對大人說話般的語調，對少女說明自己的工作以及平時的生活。

少女則是以率直的眼神，聆聽著男子所說的話。

少女一定是沒有和男子生活在一起吧！

男子也許是一個人遠赴外地工作而離開家裡的吧？

之後，母親會出現嗎……？

我想，該不會出現在2個人對話中的「媽媽」，和男子已經不是夫妻了也說不定。

女服務生端來了柳橙汁，擺放在2人的桌上。

少女低下了小小的頭，像是很不好意思一樣，對著女服務生說了聲「謝謝妳」。

就算這名男子與少女沒辦法一起生活也好，也還是有人能夠規規矩矩地教養少女吧！

若是如此，我覺得不管是以怎樣的形式，男子都已經貫徹作為父親的職責了吧！

或許這名少女也已經知道，今晚會與聖誕老人一起過夜了呢。

第四章

我的經營理論

作為最後一章，則是打聽了關於土田先生的經營理論、經營術。土田先生所說的話，並不僅限於自己的事業，不同業種的革新論、從其他經營者身上獲得的啟發，甚至是以高爾夫來立論的經營理論等等，真的是無窮無盡。（垣東）

我的人才活用術

在我的生病經驗中，有一件讓我很開心的事。儘管我把公司撒手不管了差不多整整2年，卻還是沒有大過的順利度過了。這若是在結構更為嚴謹的企業中，或許不是值得大驚小怪的事，但以我的情況來說，既不懂建立組織的竅門，也沒有挖角過這類的人才。當時給予裁決權的成員甚至不到2人。經營上的決斷，不管什麼事都是由我來裁定，也就是所謂的「獨裁老闆」。要是我這名船長不在的話，會漂流到何處去呢？最壞的情況下，甚至會有沉沒的危險。而這樣的我卻把公司放置了2年，是因為除此之外已經別無辦法的緣故。

不過公司倒是平安無事。於是我想，或許我與員工們來往的方式，對讀者們會有所幫助也說不定，姑且就來介紹一下。

對於員工們我總是會留意的事，就是「不去相信」這點。因為我信不過自己，所以也不會輕易地相信員工們。

特別無法信用的，就是「自我申告【＊譯註9】」。把自己放在那個立場上來思考的話，自我申告不可能是正確的。這並不是個人秉性的問題。即便是耿直且一絲不苟的人也好，就算是以不蒙騙並做出正確的報告為目標也好，但果然自我申告還是很容易犯下錯誤。

譯註9：是一種由員工自己評價自己的職務目標、遂行狀況、問題點等等，並向上級陳述自己的特長、專業知識、想要的工作種類等的人事管理方法。

所以我一定要讓複數的人確認過之後，再讓他們做報告。即使如此還是無法接受的話，就用自己的雙眼來確認。

與自我申告相同，我也不信任個人的意見。一定要採取合議制，並把結論視為員工們的意見來採納。舉例來說，如果有「某個購物中心送來了邀請，是否要展店」這類的案件，一定會和員工討論看看。商量的對象自然是幹部不用說，但是就算有上下級的關係，也會讓大家以平等的立場發言。並讓議論不偏向其中一方，積極地讓他們提出反對意見，並一定要他們得出結論並做出報告。

至於我是不是會採納這個結論，那又是另外一回事。我會面對這份結論，做出我的「決斷」。既會有員工的「結論」與我的「決斷」相同的時候，也會有不同的時候。雖然是我硬要說，但我覺得經營者不能把員工的結論囫圇吞棗。若要說為什麼的話，是因為員工並未承擔經營的責任。如果失敗的話，責任在經營者身上。所以經營者必須要自己負責來做出判斷。也因此，

「結論由所有人來做，決斷則由一個人決定」

我一直相當頻繁地改變員工的部署。例如把A店和B、C、D店的店長打亂後更換。以敝公司的情況來說，由於有著複數的業態，並且每間店的菜色組成和作戰方針都不同，因此所有人一開始都很不知所措。乍看之下效率似乎很差，但我覺得這才是效率好的做法。

如果持續同樣的工作，儘管效率會變好，但卻會逐漸增加負面的要素。舉例來說，當好幾年都由A這名店長來負責同一間店時，包含本部在內的其他的員工，相對於A來說，會

變成都對那間店的事情不是非常清楚、不明瞭，而失去了檢驗A的能力，這讓人覺得很恐怖。果然還是讓複數的人去嘗試各種方法才能提高效率。此外，人類也是種動不動就厭煩的生物。（我就是這樣）做同樣的工作會很無聊，也沒辦法維持緊張感和集中力。

我也不認為一團和氣的職場是好的職場。相較之下，我認為不喪失緊張感的做法，就結果來說才會與守護企業、保護員工連結在一起。

而我也是個「來者不拒，逝者不追」的人。想要離開公司的權利，不管是誰都平等地擁有。因此我就以我的方式來經營，而能不能接受，就由員工來決定。

但是這樣的我，對員工們也有一項絕對的保證。那就是「不會減薪」。即使被降職、引發事故也好，就只有薪水絕對不會減少。而假如當經營變得很艱苦時，也把降低薪資當成最後的手段。最近似乎有很多公司，在基本工資之外另外規定選擇權或其他什麼來變動薪資，但若從領薪水的一方來看，一度提高過的薪資被砍，應該會很難受才是。

雖然有自覺自己是位苛刻的經營者，但在保護員工生活的這一點，沒想過當個無情的經營者。換言之對於員工們，就算其他方面不被相信也沒關係，但我想對他們說，只有這個保證相信了也沒有問題唷。

捨棄常識

大約10年前，我在池袋開設了一間主打炭火烤雞肉串的居酒屋。

由於與肉店的往來，多少對上等肉有了一點鑑別能力，將原本用於湯頭的雞肉拿來做成烤雞肉串，並且提供酒類。

在敝公司近200人的員工中，以義式料理為首，有壽司、中華料理、法式料理，甚至是曾當過法式甜點師傅的人都有。我想要活用這些人才，於是開始了白天是員工們所企劃，名為「只賣中午店」的每3個月就大幅改變商品的店面，晚上則變成稱為「一八」的炭火烤雞肉串居酒屋，這種一日二穫的店。

最一開始還有「白天和夜晚是完全不同店」的新奇感，營業額也很順利，但經營了10年，周遭的環境有所變化，像是以便宜為賣點的大型居酒屋等，附近不斷增加強力的勁敵。要用點什麼新點子來重整旗鼓，現在正在絞盡腦汁中。

不管幾次我都要說，要做生意的話「捨棄常識」之重要，我又再次痛切地感受到了。

這是某次與賣生蠔（牡蠣）連鎖居酒屋（？）的N社長一起聚餐時的事。

N社長經營的店以生蠔吃到飽為招牌而急速成長著。儘管是50～80席相當大型的店鋪，卻總是客滿。

著眼於生蠔這種素材的想法，以及開拓出採購通路的嶄新性等等，有許多讓人欽佩之處，但我好奇的是人事費用。若是這麼大的店，想必也會增加人事費吧，向他如此打聽後，沒想到營業時大廳的員工只有一到兩人的程度，並以此順利地運作著。

吃驚的我向他探聽「怎麼做到的？」，答案是有「自行帶酒ＯＫ」的機制之故。也就是說，生蠔是自助式，飲料也是自助式的意思。我也有經營居酒屋所以知道，居酒屋的利益是靠飲料費支撐的。我問：「這樣不就沒辦法賺錢了嗎？」。

但比起為了「啤酒續杯！」、「Highball【＊譯註10】續杯！」而把員工部署在各座位附近，由客人自己帶酒來喝的做法，遠比這更有效率。而且作為開瓶費，一人會收取（好像是）５００日圓左右。這對店面來說就像入場費一樣，是不需本錢的利益。另一方面，水、冰塊、大啤酒杯則是毫不吝惜、不斷地免費供應。而且帶進來的飲料如果有剩下，店家甚至會保管起來。這也會帶來回頭客。

譯註10：又稱為高球，是一種用汽水混威士忌的雞尾酒。

當然，能這麼做是因為「生蠔」有絕對的商品力，但這是種以常識來思考的話絕對想不出來的主意。我也反省，自己似乎還沒辦法完全把常識給捨棄掉呢。

又有一次，有人對我說住在附近的美容室的店主人有事想商量。但對拉麵店老闆的我有什麼好商量的呢？聽了原委之後，似乎是店面的經營沒有想像中順利。但是越聽越覺得，全都是些讓人吃驚的事。

首先是人事費很便宜。似乎是稱之為實習，用低工資讓確實擁有剪髮證照的人，每天負責處理洗髮和吹頭髮的樣子。

噯，似乎是不好好培養他們客人也不會增加的樣子，但我覺得是令人震驚的制度。

再來是剪髮和燙髮的相關成本（材料費等等），從售價（剪髮費和燙髮費）來看，金額非常地低廉這點也讓我吃驚。（全國的美容室老闆不好意思呀）

總地來說，成本率和人事費用率低得可怕。由從事餐飲的我們來看，幾乎是一定能賺錢了。（真是羨慕）

儘管如此，經營好像還是很辛苦。而這似乎並不僅限於他的店。去除一部分知名人氣美容師的店之外，整個業界都很不景氣的樣子。還不只如此。學徒們在營業結束後，還會自動自發地使用人偶練習剪髮直到每天的深夜。而這實在太過難熬，使得年輕人們相繼離去也是現實。而照明、瓦斯費用也不可小看，他如此發著牢騷。

總之，我前往拜訪了那間店，然後我注意到了。預約在中午過後比較多。也就是說，中午之前是開著門歇業的狀態。理解到經營之所以會很辛苦，是因為沒有客人的時間比較多的緣故。

中午之前呢？這麼一問之後學徒們便說出外發傳單。

我對他說「這雖然是外行人的意見」，在事先預告之後試著做出提案。用預約填滿上午的時間如何，我說。他以一副不可思議的表情問：「要怎麼做呢？」

我的提案是「如果提供免費剪髮的話」，而他吃了一驚：「免費？」

例如限定65歲以上，一天3組免費。作為交換則由學徒來剪。採完全預約制。他一臉狐疑地聽著：「這有什麼好處？」

我認為這只有好處，獲得免費剪髮的人會很開心。

可以用真人的頭來當練習台的學徒也很開心。

對學徒來說，營業結束後可以馬上回去所以很開心。

在65歲的人裡，有家人的比例大概是多少呢？
在那些家人中，也有幾成會來店裡不是嗎？
至少我覺得比起分發傳單來得更有宣傳效果。
更跳躍性一點的話，小學入學前的小孩子也免費。這麼一來雙親必然會同行。一天3組，以一個月25天來算的話是75人，一年就有900人。在這些小孩子的母親中，假設有10%願意成為客人的話，就可以增加80位客人。由於這是外行人的想法，可能只是紙上談兵，但如果是我就會去試試看。捨棄了常識，什麼都可以嘗試的策略。
從那之後過了一段時間，他在江古田一間名為「嘉年華」的店裡，開始實踐我的提案。
提出這個提案時，對方問了：「但是假如失敗了的話呢？」，這是句經常會被人說的話。如果害怕改變自己所處的環境的話，就不會有光明的未來。

人生原本就是不斷的選擇，人幾乎都是下意識地一邊做著選擇。所以，就算說出「不去改變環境」，實際上也是不可能的，而就算自己不改變，周圍的時間也總是流動著。既然都要做選擇的話，就應該以自己的意志，下定決心來行動。

選擇並不是站在大樓的屋頂上，被某個人從背後推一把。而是為了一階一階慢慢爬上樓梯，試著向前將自己的腳邁出一步。

別去相信的勸諫

我曾在酒場遇過年輕的成功者。

由於他賺進了好幾百億的金額，所以大概是既擅長工作又很受女性的歡迎吧！（真不甘心）應該是很時髦地住在六本木那一帶吧！（真羨慕）

可是，才想著有段時間沒看到他的臉，卻聽說公司被搶啦、破產啦，這類動盪的傳聞。他發生了什麼嗎，雖然不知道詳細的情形，但根據傳聞，聽到了像是被幹部背叛，或是投資他的大股東抽手一類的事。

於是我想，這不正是因為縱向的人際關係失敗了嗎？所謂的縱向，也就是上下級的關係。這或許是謬論，但我不由得認為，消失的他是因為某些地方的權力沒有牢牢抓緊才會如此。

現今的年輕人重視的是「同伴」這類的橫向連結，上下關係似乎關係相當淡薄，但在我年輕時，鄉下的暴走族和學生時代的棒球隊，光是差一年就是神和奴隸的差別。

雖然時代變了，但在商務的世界中，即便到了現在上下關係也依然健在而且相當重要。所謂的經營者，是處在肩負經營責任的立場上。正因此，那種彷彿將經營責任壓在身上的權限，我不會分給任何人。

雖然和上意下達有點不一樣，但還是獨裁。聆聽所有員工的聲音，而有時就算得忽視那些聲音也還是要做出決斷，我認為這就是經營者的工作。「為失敗負起責任的，不是自己之外的任何人」，只要像這樣做好最壞打算的話，那就不是什麼困難的事。

所謂的經營（跟規模沒有關係）就只有一名總教練，除此之外全都是選手。就算選手成為隊長或教練也一樣，指揮權只在總教練身上。當不斷失利使得總教練很艱辛的時候，去想著「選手和教練也一樣在受苦」，不過就只是總教練的理想。選手和教練還有其他的立場。為了保護家人而考慮轉入其他隊伍，當對總教練的不信任感開始累積，甚至有可能會抗拒。這些都是很自然的事。要說為什麼的話，因為就算是選手，回到家裡就是站在總教練的立場上，為了保護家人也必須站在做出必要判斷的立場之故。

另外一點，從被公司放逐的他身上感覺到的是，「難道不是因為有著驕傲和安逸的自信嗎」的疑問。直到那天到來之前，他應該也是對自己的事業絕對不會失敗、同伴（員工）

會永遠跟隨著他一事相信不已才對。

我自認我沒有這個意義上的驕傲和自信。作為經營者而成功時，也幾乎都是偶然的產物。雖然是蠻不講理的說法，但所有的人都是誕生於偶然，現在也只是偶然地能繼續活下去而已。自從生病的經驗之後，這種想法又變得更加強烈。

不管是取得怎樣的大成功的經營者，也絕對不會在背後自詡為經營之神或自詡為神之子的。經營者不管是對其他人還是對自己都不可以相信。

這麼寫或許聽起來很負面，但我認為經營的成功並非只靠努力，也不是全憑實力。聽著各種各樣的奚落與聲援，我相信，並非由一個人來做出「會成功的判斷」，而是要做出「不失敗的判斷」，這才是經營者唯一的一項工作。

所以，我也不想要那種無法以我一人的權限來經營的公司。「年營業額幾百億」的目標雖然很美好，但我從不曾訂立過這種目標。（那也是個問題吶）或許我只是嘴硬，但那也是因為我覺得一旦到了那種規模，就會失去由我一個人來決定的權利之故。

雖然是多管閒事，但真心相信自己是很棒的經營者之類的人，在我看來是最危險不過的。因為今天很順利所以明天也會順利下去，看著光是仰望天空的年輕人，也會感覺到擔心。（真的是多管閒事呀）

當事情不如意時、當情況不順利時，不要太過相信自己，而是要竭盡全力著眼於現在的自己所能做到的眼前。

這麼思考的話，不管年銷售額是向上提升還是一直維持一樣也好，數數看自己周圍的員工數量，如果能創造出利益的話，那就是名出色的經營者，直至今日都沒有走錯路的吧！

在這世上不管是營業額還是員工，天氣也好其他什麼都好，每天都在變化著，同樣的事情不會發生兩次。到頭來這世上完全沒什麼可靠的事。正因此，沒有什麼事是應該要相信的，這就是我的別去相信的勸諫。

高爾夫與經商及人生是一樣的

我現在為兼做復健（僅限於沒特別的事時），上午不會安排工作。像是去練習高爾夫，若是天氣不好，就一點一點來閱讀積著的書。

聽起來相當優雅吧，但這是因為自起床之後的數小時身心都還未啟動，所以無可奈何的事。泡澡讓身體的各個角落活動起來，藉由看書或聽音樂慢慢讓腦袋開始轉動，這變成了每天的功課。

術後有許多像是「絕對不能抽菸」、「不喝酒」、「桑拿要盡量節制」等，這種類似瑣碎的生活規範的事，是由M醫師在家人們面前告知我的。

經過5年的現在，除了每個月一、兩次定期去醫院以外，其他所有的項目都破戒了（笑）。雖然曾經戒菸了5年，但現在則是作為一天30〜40根的優秀吸菸者為國家做出貢獻；酒也是讓自己覺得，這不是喝得比術前還更多了嗎的程度，幾乎每天都在喝。就只有桑拿，還只是每週一次的程度。

在持續超過5年的復健生活中我注意到的是，就算是醫學上禁止的事項，但自己的身體或心靈在渴求的東西，偶爾也會帶來恢復效果。

也許只是單純輸給了自己的慾望，但藉由消除掉忍耐的壓力，以我的情況來說，漸漸地解除掉數年來所感到難受的事。作為後遺症而曾是煩惱原因的記憶障礙，似乎也傾向去遺忘討厭的事，所以甚至會覺得那就那樣，不用勉強去治療了吧！

之後的人生會怎麼樣呢？若被人這麼問的話，就給出「完全想像不到」這種直率的答案，但恐怕還是會與手術前一樣，對現在擺在眼前的道路運用自己的嗅覺，每當遇見岔路時，就選擇其中一項然後繼續活下去吧！

那個選擇是好是壞，大概誰也不會知道吧，但就算緩慢也好，也不要停下腳步繼續前進，只有這件事我不斷地對自己這麼說。

先前也曾提到最近每週一、兩次，從上午（說是這麼說不過是早上5點左右）開始，兼做散步從自家返往距離30分鐘的高爾夫球場。

於是我想到，再沒有像高爾夫這種跟經商很類似的運動了不是嗎。去詢問那些厲害的人的話，就會聽到像是管理【＊譯註11】是必須的啦，要重視例行公事【＊譯註12】啦等等。聽著這些話就好像在經商一樣，但這並不是我想要指摘的點。

譯註11：原文Management，意思是經營、管理。在高爾夫裡有Course management（球場策略）一詞，指的是依場地的狀態和自己的能力來思考在該球場採取的策略。

譯註12：原文Routine，意思是例行公事、慣例。在高爾夫裡裡有pre-shot routine（預擊流程）一詞，指的是在擊球之前的空揮動作與心理的擊球策略等流程。

對我這種業餘愛好者來說，因為根本不知道現在的一桿會打到何處去，所以既不可能有球場策略也沒有預擊流程（笑），在高爾夫上思考第二、第三桿之後的事是浪費時間。不如說，接下來的僅有的一桿要怎麼打就是一切，我覺得把現在的一桿最到做好才是正確的。並且在不知道答案的情況之下，總之先打出這一桿。之後一邊走往球飛出去的方向，然後再一次，只去思考接下來的一桿。

我覺得這點和經商很像。

商務的世界也是無從得知接下來的事。正所謂前途莫測。說著因為其他的店有客人上門，就覺得客人也會來自己的店裡，不過就是自我感覺良好。經常會發生預料之外的事情。球的落點是球道還是長草區？根據這點來更換要拿的球桿。眼前或附近有石頭和樹嗎？自己能打出去的距離有沙坑或水池嗎？風向如何？包含自身技巧在內，有無數不確定因素。

但即使如此，若不以自己的責任來擊球就沒辦法前進，也沒辦法結束比賽。會有不管做什麼都進行得很順利的日子。儘管如此，也會有突然出現陷阱、一直失敗的日子，也會有因最後打進洞的一桿而全部改變的日子。只有接下來的這一桿是誰也不知道會怎樣的。

一切都跟做生意一樣。

有些人經常會在開球區或球道上詢問球童「往哪裡打才好呢？」。球童也會認真地回答「請瞄準那一棵松樹的上面吧」什麼的。就算上了果嶺，也要確認「這個路線是打曲球對吧？」，也經常看到「要往左偏幾顆球來打呢？」像這樣詢問的人。

這是極為平凡的對話，給予建議也是球童的工作，沒什麼不可思議，但我忍不住這麼想：

為什麼不問「絕對不能打到的場所」呢……。

球童的建議是正確的。只不過在這些建議中，大概都沒有計算到高爾夫球手的「能力」。

雖然是很理所當然，但我們這些業餘愛好者是無法如自己所想地去控制球的。就算球滾到了打聽到的場所也會偏離路線，即便瞄準一棵松樹也好，也幾乎都是大幅地往左右偏離。更進一步來說，因為高爾夫是以自然為對手，所以也會發生連球童也無法預測到的風或各式各樣的突發事件。

這麼一想，比起去打聽「只要這麼做就會很順利」，更應該去打聽「只要這麼做失敗的機率就會比較低」才對不是嗎。噯，追求成功是人類的天性吧，但我認為不失敗、降低風險，才會成為成功的立足點。

就像職業選手也會隨著年紀增長而使揮桿變得精簡一樣。因為年輕時的大幅揮桿，應該會讓球無法落在瞄準好的地點吧，但不只如此。高爾夫是桿數較少的人獲勝的比賽，比起讓球飛得更遠，轉變成了以確實的結果為優先的風格吧！

仔細一想，高爾夫和人生也很相似。

逝者已矣。就算前一桿再怎麼後悔也沒有辦法重打。且如各位所知「高爾夫沒有裁判」。

無論自己的球在何處，把球挪到好打的地方也好，什麼也不碰繼續打也好，全都是自己的決定。全都要自己負責來打完這18個洞。

球童也只是給予建議的人，是不可能替你打的。結果自己的高爾夫還是只能由自己來打。

高爾夫是種區分成一個洞一個洞的運動。然而，一切都決定在打完第18洞的最後一桿。這也跟人生很像。

更進一步來說的話，有時比起高爾夫的成績，我偶有被生長在路線上的梅花長出花蕾，或對蟲鳴和天空的雲變成奇妙形狀一事而被奪去心神的日子。在那樣的日子裡，不知為何，對結果什麼的並不會那麼在意。這也和人生非常相似。

送給一直陪伴這本書到最後的讀者

從小我就總是被斥責，不管做什麼都沒辦法長久，知道了自己什麼才能也沒有。

不過，最近在電視連續劇中聽到了「持續也是一種才能」的台詞，而有種被救贖了的感覺。

不管是怎麼的人，一定都會有機會。我想要告訴大家這件我所確信著的事。

其中，總會有運氣的成分在。能不能把握機會，也全都是運氣。然而為了掌握運氣，必須要採取行動。

不管情況是好是壞，不行動的話就沒有結果。因為不打出下一球就這樣呆站在原地的作法，是行不通的。

當然，在揮出下一桿之前，要思考多久都可以。

思考時不能忘記，肩負責任的人是自己，不管是誰都沒辦法代替你，確實地認清自己的實力，不去期待超出實力的結果發生。

前往高爾夫球場，緩緩地深呼吸，在一邊眺望景色的同時，揮出自己的一桿。

不管是怎樣的一桿都好。

至於接下來的一桿，只要再去思考就好。

我這裡所寫的無聊文章，就算只有一點點，但如果有可以幫得上忙的人

那我覺得，我寫這本書就有意義了。

因為除了「出生、成長、死去」的規則之外，不管是誰的人生，都還沒有定論……。

土田良治

補充（垣東）

這次土田先生與我最煩惱的就是這本書的標題。雖然好像說得很誇張，但從最一開始做出「寫本書吧」的提案之後，一直到寫完所有原稿的最後，都讓人傷透腦筋。

然後終於決定了「拉麵銷售額突破60億日圓的男子【*譯註13】」這個標題。

譯註13：本書的原書名為「ラーメンを60億円売った男」。

這裡面有著各式各樣的想法。

首先，「拉麵銷售額突破60億日圓的男子」是直截了當地說明土田先生的實際成果。若想到把一碗差不多600日圓的拉麵賣到60億日圓的話，就算不是「積沙成塔」，也需要讓人要暈倒般地「勤勉、踏實的生意積累工夫」。

正確來說在2015年末是62億，若能像這樣理所當然地經營下去的話，計算起來在5年後會變成100億。

土田先生正是等同於從身無分文，踏實地持續賣著1碗碗的拉麵，而其成果，就是「賣到了60億」。

世上有許多「會大排長龍的拉麵店」。其中也經常會只有1間店的整年營業額能在1億日圓以上。可是，若再加上能持續經營10年以上的條件來看的話，數字會顯著地減少。土田先生連借款、接受投資者的支援都沒有，卻還是穩健地多次使營業額上漲，花了18年賺了60億。身處在盛衰激烈的拉麵業界中，我覺得這值得大書特書。於是，選擇了這個標題。

另一點灌注在這個標題裡的，是「通算」這種思考方式。舉例來說，在職業棒球的世界中，最被重視的就是「通算成績」。軟體銀行的王會長和鈴木一朗選手之所以被稱為「偉大的選手」，是那份可以持續表現出色成績的「積累」獲得了評價之故。反過來說，也是因為持續表現出優秀成績是真的很難。

拉麵，不，餐飲業界是很嚴格的世界。持續當一個生意興榮的店，是真的很困難。我自己也知道許多在一時之間創造出好幾百人隊伍的店，撐不到5年就被擊潰的案例。正因如此，才選擇了土田先生的「通算成績」當書的標題。

土田先生似乎很煩惱「露骨地拿出數字來真的好嗎」，我以「在直截了當地傳達上有所意義」來說服他，才讓他接受了。

但願這本書能被許多人拿在手上。

垣東充生

TITLE

我賣拉麵，我的營收60億

STAFF

出版	瑞昇文化事業股份有限公司
作者	土田良治
編著	垣東充生
譯者	張俊翰

總編輯	郭湘齡
責任編輯	蔣詩綺
文字編輯	黃美玉　徐承義
美術編輯	謝彥如
排版	靜思個人工作室
製版	大亞彩色印刷製版股份有限公司
印刷	桂林彩色印刷股份有限公司 紘億彩色印刷有限公司

法律顧問	經兆國際法律事務所　黃沛聲律師

戶名	瑞昇文化事業股份有限公司
劃撥帳號	19598343
地址	新北市中和區景平路464巷2弄1-4號
電話	(02)2945-3191
傳真	(02)2945-3190
網址	www.rising-books.com.tw
Mail	deepblue@rising-books.com.tw

初版日期	2017年11月
定價	280元

國家圖書館出版品預行編目資料

我賣拉麵,我的營收60億 / 土田良治作 ;
張俊翰譯. -- 初版. -- 新北市 : 瑞昇文化,
2017.11
176面 ; 14.8 x 21公分
ISBN 978-986-401-202-2(平裝)

1.餐飲業 2.職場成功法

483.8　　106016886